安徽省高校人文社科重点项目（大气污染倒逼机制下的
安徽财税政策研究，SK2015A228）研究成果
安徽财经大学科研课题（我国环境污染第三方治理研究）研究成果
安徽财经大学第十三批专著出版资助

Caizheng Fenquan xia de Difang
Zhengfu Huanjing Wuran Zhili Yanjiu

财政分权下的地方政府环境污染治理研究

袁华萍 /著

中国财经出版传媒集团

经济科学出版社
Economic Science Press

图书在版编目（CIP）数据

财政分权下的地方政府环境污染治理研究/袁华萍著.
—北京：经济科学出版社，2016.12
ISBN 978 - 7 - 5141 - 7607 - 0

Ⅰ. ①财…　Ⅱ. ①袁…　Ⅲ. ①地方政府－环境综合
整治－研究－中国　Ⅳ. ①X321.2

中国版本图书馆 CIP 数据核字（2016）第 307437 号

责任编辑：李　雪　李　建
责任校对：隗立娜
责任印制：邱　天

财政分权下的地方政府环境污染治理研究
袁华萍　著
经济科学出版社出版、发行　新华书店经销
社址：北京市海淀区阜成路甲 28 号　邮编：100142
总编部电话：010 - 88191217　发行部电话：010 - 88191522
网址：www. esp. com. cn
电子邮件：esp@ esp. com. cn
天猫网店：经济科学出版社旗舰店
网址：http://jjkxcbs. tmall. com
北京密兴印刷有限公司印装
710×1000　16 开　13.25 印张　200000 字
2016 年 12 月第 1 版　2016 年 12 月第 1 次印刷
ISBN 978 - 7 - 5141 - 7607 - 0　定价：46.00 元
（图书出现印装问题，本社负责调换。电话：010 - 88191510）
（版权所有　侵权必究　举报电话：010 - 88191586
电子邮箱：dbts@ esp. com. cn）

前　　言

　　近年来，环境污染已经成为社会关注的热点和难点问题，治理环境污染、保护生态环境成为人类社会的共同利益诉求。环境污染治理问题引起了我国政府的高度关注，党的十八届五中全会将生态文明建设首次列入"十三五"规划，提出了"创新、协调、绿色、开放、共享"五大发展理念，将环境保护提升到国家战略的高度，治理环境污染是实现生态文明和环境保护的重要手段。然而，长期以来的"先污染，后治理"的经济发展模式导致污染问题逐年累积，已经成为阻碍我国经济社会可持续发展的"瓶颈"，治理环境污染、改善环境质量迫在眉睫。环境一经破坏，其恢复起来是一个漫长的过程，在财政分权体制下，地方政府一味追求经济增长的短期、显性政绩，而在环境污染治理这种收效缓慢的领域动力不足，这是我国环境污染问题难以得到有效解决的重要原因之一。

　　基于上述背景和原因，本书着力探索在财政分权体制下，提高地方政府环境污染治理积极性，形成经济发展与环境污染治理相协调的机制，最终实现环境污染治理目标，促进我国社会经济的可持续发展。本书总结归纳了与研究对象相关的研究成果，在公共财政、财政分权等相关理论的指导下，沿着纵向线索，剖析财政分权体制变迁中我国环境污染问题产生的历史根源，对我国当前地方政府财权与事权不匹配、环保财政转移支付体系不完善、跨界污染治理局面没能形成等问题进行了分析；并运用博弈论揭示政府之间、政府与企业之间在环境污染治理中的行为选择，探讨环境污染治理形成的传导与倒逼机制，从理论上对财政分权下的地方政府环境污染治理行为进行深入的规范研究，发现由于我国政府间环保财权和支出责任的不匹配，在环境保护支出、财政转移支付等传导作用下，地方政府不具备环境污染治理动机；另外，环境污染治理成效并没有得到足够重视，其倒逼机制也并未产生效果。

本书采用规范与实证相结合的研究方法、理论与实际、纵向分析与横向比较相结合的研究思路，采用中国统计年鉴、中国环境年鉴等相关数据设定指标体系，对财政分权和地方政府环境污染治理进行回归分析，结果表明：财政分权程度与工业"三废"污染治理水平呈负相关关系；而与地方环境保护支出、城镇化水平与工业"三废"治理水平均存在显著的正相关关系；产业结构的调整对地方政府环境污染治理水平的影响具有不确定性，其与工业废气治理水平呈正相关关系，而与工业废水治理水平以及固体废弃物治理水平呈负相关关系，除了考虑地方政府环境保护支出、产业结构政策外，还应该考虑地方政府环境污染治理效率问题。在此基础上，运用 DEA – LCA 方法对地方政府环境污染治理投入和产出的相对有效性进行检验和评价，得出：我国大部分地区环境污染治理缺乏效率，与全面环境质量管理有较大差距的结论。本书在借鉴美日欧等发达国家环境污染治理经验的基础上，从完善环境污染治理法律制度体系、推动地方政府财政体制改革、构建地方政府环保绩效考核机制、完善环境保护税费体系以及促进地方政府环境污染跨界治理模式的形成等方面提出我国财权分权下的地方政府环境污染治理路径。

本书在公共财政理论框架下，综合运用现代经济学的研究成果与方法，提出通过有效的激励与约束形成传导与倒逼机制，以提高地方政府在环境污染治理中的积极性，促成地方政府之间环境污染协同治理的局面；对提高我国环境污染治理水平，改善我国环境质量，实现生态文明和社会经济的可持续发展有着重要研究意义。

由于数据的制约，回归分析采用的是短面板数据，这对回归结果和趋势分析都有一定的影响。另外，实证部分使用的是省级数据，并未采用区域数据，虽然从省级数据可以看出区域内各省的实证结果之间并没有显著的相关性，但是这对于环境污染治理来说是一种缺失。

加之作者水平有限，难免有错误与疏漏之处，恳请同行不吝赐教。

　　本书是在作者的博士学位论文基础上修改而成，在此感谢我的导师赵仑教授，感谢首都经济贸易大学财政学专业的导师组老师。同时，感谢安徽财经大学对专著的出版资助。

目　　录

第一章

导　　论

　　环境污染治理是实现我国生态文明的重要支撑，地方政府在环境污染治理中发挥着重要作用。我国实行财政分权体制后，地方政府在财政收支上有了较大的自主权，提高了地方政府发展经济的积极性；由于一直以来我国对地方政府的考核机制过多地关注经济指标，造成地方政府为了获取显性政绩，忽视环境污染治理，甚至以牺牲环境为代价，致使我国环境污染问题愈演愈烈。因此，探索在财政分权体制下，如何调动地方政府在环境污染治理中的积极性，形成有效的机理机制、倒逼机制与约束机制，促使地方在政府在发展经济的过程中，能够兼顾环境与生态利益，无论从理论上还是在实践中都具有重要意义。

第一节　问题的提出

　　我国工业化、城镇化的快速发展，带来了较为严重的环境污染问题。中国环境公报（2015年）的数据显示：全国仅有16个城市空气质量达标，超过一半的国土遭到雾霾的侵袭；水污染的恶性事件时有发生，全国7大水系中，有一半以上的河段受到不同程度的污染，70%左右的城市水域污染严重；全国600多座城市，有近2/3的城市被"垃圾包围"，这些污染问题已经成为制约我国社会经济进一步发展的阻碍因素，也是社会关注的焦点问题。

近年来，我国政府高度重视环境污染治理问题。2012年，我国提出了"美丽中国"建设规划，党的十八大报告指出："必须树立尊重自然、顺应自然、保护自然的生态文明理念，把生态文明建设放在突出地位，融入经济建设、政治建设、文化建设、社会建设各方面和全过程，努力建设美丽中国，实现中华民族永续发展"；在生态文明制度建设的指引下，区域协调治理成为社会各界的共识；2013年，京津冀、深广莞、长三角等地区协调治理大气污染，已经制定了区域共同行动计划。2015年9月1日，新《大气污染防治法》规定，上级政府要将大气环境质量和重点污染物治理指标纳入对下级政府的政绩考核中，明确地方政府在环境污染治理方面的责任；坚持从源头治理，推动经济发展方式转变；优化产业结构，调整能源结构；加大对环境污染行为的处罚力度等。

我国环境污染问题的产生与长期的"先污染，后治理"的模式有着密切关系，这形成了污染治理的状态依赖与路径锁定。进入21世纪以来，我国虽然对污染企业和污染源采取了强力措施，但是环境一旦遭到破坏，修复起来将是一个长期的过程。环境与生态系统具有整体性特征，需要不同的行政区划单位与社会各界协同治理，在对我国地方政府官员的绩效考核中，虽然逐步将环保的相关指标纳入政绩考核中去，但是环境污染治理具有投资大、收效慢特点，地方政府在环保投入上缺乏足够的积极性，"以邻为壑"、"短期行为"及地方保护主义现象时有发生，导致我国环境问题越来越严重，已成为制约我国社会经济长期发展的重要问题之一。

我国自分税制改革以来，地方政府在税收收入与财政支出上有了更多的自主权，中央政府旨在让地方政府能够提供包括环境保护在内的更好的公共服务，然而，地方政府存在着财权和事权不匹配、环境污染治理支出偏向、环保支出保障机制不健全、转移性支付体系不完善等问题，导致环境污染加剧，环境污染治理效率低下。财政分权是一种体制约束，而环境污染治理是政府职能及其履职行为，中央政府采取各种激励措施以促使地方政府行为符合其意图。财政分权使得地方政府的主体利益地位日益凸显，在利益驱动下，地方政府间在中央政府的激励下展开的竞争越发激烈，但是地方政府在竞争中大多以"非公共利益"为价值导向，追求经济发展指标，而忽视关乎居民生活福利的公共产品供给，对环境污染治理这种具有"公益性"特征的领域积极性不高。

因此，在财政分权体制下，探讨影响我国环境污染治理经济、技术因素；探讨如何在多层级政府治理体系下协调政府间关系；如何完善中央政府激励机制，实现地方政府经济发展与环境污染治理的协调；如何健全地方政府环境污染治理机制，促进前端预防与末端治理相结合，提高地方政府环境污染治理效率，实现环境全面质量管理等具有重要的研究意义。

第二节　研究意义

本书以环境污染治理为研究对象，以环境利益最大化为出发点和归属，以激励和约束地方政府改善环境质量为基本手段；探讨在财政分权体制下，如何建立地方政府环境污染治理的激励与约束兼容机制，实现环境污染治理目标。本书研究的理论意义与现实意义主要有以下4个方面。

一、理论意义

（1）在理论上揭示了财政分权体制下，如何激发地方政府环境污染治理动机。运用现代博弈论的分析框架，构建环保参与主体博弈模型，研究中央政府与地方政府、地方政府之间以及地方政府与企业之间在环境污染治理上如何实现纳什均衡，形成地方政府在环境污染治理中的激励与约束的兼容机制，促进地方政府在财政支出上符合中央政府的意图，将环境保护支出用于与此相关的环境治理中去，提高污染治理投资效率，进而实现环境污染治理的目标，具有较强的理论意义。

（2）在理论上探讨了地方政府在环境污染治理上的财政配置能力差异、环境污染治理的"搭便车"、财政支出结构偏向等问题，分析了财政分权体制对环境污染治理产生的激励机制、两者之间存在的传导机制与倒逼机制，这为我国各地区构建环境污染治理的联动机制、将环境污染治理纳入地方政府绩效考核等方面提供了理论解释。

二、现实意义

（1）在建设生态文明时代背景和财政分权制度框架下，研究地方政府如何提高环境污染治理的积极性以及环境污染治理效率等问题，这对于提高我国污染治理水平，引导地方政府官员树立正确的政绩观，减少经济发展中的短视行为具有一定的参考价值。

（2）本书以环境污染治理为主要研究对象，以社会福利最大化为目标，将经济发展的当前利益与长期利益相结合。本书的研究结论对于促进我国财政体制改革，调整我国产业结构、实现经济发展中的节能降耗、促进经济结构与增长方式转型，进而实现经济社会的可持续发展具有重要的现实意义。

第三节　国内外研究综述

在财政分权体制下，地方政府作为环境污染治理的主要实施者，在环境污染治理中存在财权与事权的如何匹配，环保财政支出的规模与结构能否满足环境污染治理之需等问题，这些问题引起了国内外学者的广泛关注。激发地方政府在环境污染治理中的积极性与主动性，规范、约束地方政府在环境污染治理中的行为，使其在经济发展中能够兼顾环境污染治理，从而走出一条可持续发展之路，是近年来学者们研究的重要方向之一，目前的研究成果如下。

一、国外研究综述

国外学者关于财政分权体制下的环境污染治理的研究成果主要体现在：利用环境规制约束地方政府行为；引入财政竞争，激发地方政府在环境污染治理中的主动性；形成地方政府之间合作关系，实现环境污染的跨界治理等。

1. 财政分权与环境规制

财政分权是指各级政府有相对独立的财政收入权力和支出责任，是处理政府间关系的一种分权财政体制。辛格（Singh，2014）认为中央政府对地方政府带来的财政激励是财政分权的核心，一个地方政府的税收自主权能够较好的量化地方自治程度；而一个拥有较高自治权的政府，往往出现支出责任和财政收入的不匹配，导致政府间垂直财政失衡，因而中央政府则通过转移支付的方式解决地方政府由于财力不足而导致的公共资源供给减少问题。因此，学者们开始研究在财政分权下环境规制对环境污染治理所带来的影响。第一，环境法规所带来的环境治理效应。克里斯蒂恩森等（Christainsen，et al，2010）通过制定动态方程发现，环境法规有利于减缓生产率增速，有利于提高环境治理效率。玛纳吉（Managi，2005），格里格拉纳斯（Grigalunas，2005）认为严格的环境法规可以刺激企业创新，提高企业生产技术水平，有利于增加市场和环境输出，在提高生活水平的同时提高环境质量。第二，环保政策对地方政府带来的环境规制效应；霍特诺特（Hottenrot，2013）认为在财政分权体制下，环保政策有利于激励企业采纳和推广环保技术，企业技术的创新将带来挤出效应，从而减轻环境损害所带来的成本，但是科勒（Cole，2006）通过研究外国直接投资与环境规制的关系，发现外国直接投资影响环境质量的程度取决于地方政府的腐败性程度，地方政府将放松环境规制以吸引更多的外国直接投资，外国直接投资其实是建立了一个污染避风港。因此，在财政分权体制下，完善的环保政策能够规范环境行为有利于促进环境监管的实现（Percival，2013）；以大气污染治理为例，发现环境保护政策的完善有利于城市大气环境污染治理和身体健康（Matus，2005）。

2. 财政分权、地方政府财政竞争与环境质量

财政分权体制下，地方政府成为了主要利益主体，在利益最大化的驱使下，辖区之间必然展开对有限资源和市场的争夺，以占据在经济领域和政治领域的优势，可以说财政分权体制促进了地方政府间的财政竞争。美国经济学家蒂伯特（Tiebout）最早从理论上阐述了地方财政竞争思想。他在1956年发表的《一个关于地方支出的纯理论》（*A pure Theory of Local Expenditure*）一文中指出，通过"用脚投票"即选民为了实现自己的效用最大化，将选择税收与公共产品供给的最佳组合地定居下来，地方政府之间将为了争取选民而展开财政竞争①。此后，学者们对地方政府财政竞争及其所带来的环境质量影响进行了大量研究，奥茨（Oates）和施瓦布（Schwab，2015）对环境质量与政府间竞争的关系进行了探讨。他们在新古典主义的框架下，将税率（财政补

---

① Tiebout C M. A Pure Theory of Local Expenditures [J]. Journal of Political Economy，1956（64）：416-424.

贴）和地方环境质量作为各辖区政府官员的两个政策变量，各司法辖区通过调整税率和财政补贴以吸引新的行业和收入，从而引致地方政府竞争和环境质量的变化[①]。科斯坦萨等（Costanza, et al, 2014）认为当地政府渴望吸引新业务，地方政府可能会在放松环境质量标准上面互相竞争，国家或地方政府应加强标准的设置以防治环境过度退化。

国外学者通过规范和实证研究了地方政府间财政竞争的环保效果，一部分学者认为地方政府竞争有利于促进环境保护；而另一部分学者则持相反观点，认为地方政府间竞争会带来环境的恶化。蒂伯特（Tiebout, 1956）认为财政竞争能提高地方政府支出效率，地方政府间的财政竞争就如同市场竞争一样竞相提供有效的公共服务，从而提高辖区居民的福利。巴卡沃特斯基（Bucovetsky, 2005）通过建立公共物品投资模型发现，政府的公共物品投资有助于本辖区的要素资源流入，但辖区间公共品投资竞争可能是破坏性的；马丁内斯·巴斯克斯（Martinez – Vazquez, 2011）论证了地方政府间财政竞争会导致地方公共支出的规模无效率，他们认为公共支出包括关乎辖区居民福利公共服务支出和关乎企业生产效用的公共投入支出，在资本完全流动和居民无法自主迁移的假定下，理性的地方政府会为了吸引外资把过多的支出向公共投入支出倾斜。另外，财政竞争还可能导致地方政府支出的"结构无效率"，即降低居民福利的公共服务支出[②]。

---

① Oates W E, Schwab R M. Economic competition among jurisdictions: efficiency enhancing or distortion inducing? [J]. Journal of Public Economics, 1988, 355 (3): 333 – 354.

② Liu Y, Martinez – Vazquez J. Public Input Competition, Stackelberg Equilibrium and Optimality [J]. International Center for Public Policy Working Paper, 2011.

目前，学者们关于税收竞争与环境质量之间的关系得出了较为一致的结论，即地方政府间的税收竞争是一种环境破坏性竞争，通过采用降低税率和执行宽松的环境政策等方式展开竞争。1972 年，奥茨（Oates）从政府间税收竞争的角度提出了一个不同的观点，他认为地方政府虽然通过竞相压低税率的方式在引资中获胜，但是将导致公共支出水平低下①。另外，地方政府往往会突破制度约束，通过放松环境质量监管吸引投资额度方式进行税收竞争，这种破坏性竞争将导致环境质量越来越差（Kamwa，2012）。

3. 地方政府为主导的多元参与主体协同治理机制

国外学者对地方政府环境污染治理的路径研究主要集中在完善生态补偿转移支付制度和跨界治理上面。林（Ring，2008）以巴西为例，提倡中央政府以下的各层级政府的横向生态转移支付，而州政府应该根据州 ICMS 法，将该州的生态增值税按照一定比例分配给地方政府，以激励地方政府致力于提高当地的环境质量。一部分学者认为环境污染跨界治理是地方政府环境污染治理的重要途径之一，帕克（Parker，2008）认为环境污染跨界治理能够促进环境质量得到根本性的改善，一个国家应根据本国的经济发展水平、财政分权度来选择不同的跨界模式。当前的跨界治理呈现出三种典型模式，包括伙伴关系模式、行政性合作模式和碎片化模式，这三种模式存在于不同的社会发展程度以及财政分权度的国家，伙伴关系模式通常出现在经济发达、分权度较高且

---

① Oates W E. Fiscal and Regulatory Competition：Theory and Evidence ［J］. Perspektiven Der Wirtschaftspolitik，2002，3（4）：377 –390.

领土广域的国家，行政合作模式出现在集权化程度较高的发达国家及经济转轨的发展中国家，碎片化模式则往往出现在分权度较高的领土不大的国家。实现跨界治理，可以通过加强公共部门与私人部门之间建立伙伴关系，构建公私伙伴组织（Ogneva，2015）；充分激发企业及公民参与跨界治理的主动性，赢得企业和民众的支持；充分发挥环境监管政策在环境跨界治理中的重要作用，引导和监督政府环保行为，防止特殊利益集团（包括监管团体和公民组织）的恶性竞争（Tang，2010）等路径。

二、国内研究综述

相对西方发达国家而言，我国对环境污染问题的重视较晚，对财政分权体制下的地方政府环境污染问题的研究也滞后于国外。越演越烈的环境污染问题促使了国内学者们的反思，一部分学者从财政分权体制本身寻求环境污染产生的制度性原因，另外一部分学者则是以财政分权体制为研究问题的外生变量出发，探索在该体制下，如何激发地方政府环境污染治理的积极性，形成政府间的合作关系，实现污染的跨界治理等。

1. 财政分权与地方政府环境污染治理

关于研究财政分权与环境污染治理之间的关系，学者们从对财政分权与环境污染的实证分析入手的。潘孝珍（2015）通过对1992～2007年我国30个省份面板数据进行分析发现，一个地区的财政分权程度所带来的与激励相容的制度因素与环境污染程度成正比；而以支出分权度衡量的财政分权指标与污染物排放规模负相关。张克中、王娟、崔小勇（2011）利用1998～2008年中国省级面板数据，从碳排放的角度对财政分权与环境污染的关系进行实证分析，结果发现财政分权可能会导致地方政府降低对碳排放管制的程度，较高的财政分权度并不会带来碳排放的减少。

在此基础上，学者们对财政分权下的环境污染治理进行了规范分析和实证研究。第一，财政分权体制下地方政府环境污染治理能力对环境污染治理的影响研究。李金龙、游高端（2009）认为当前我国地方政府环境污染治理能力的提升已陷入路径依赖困境，主要体现在地方政府环境制度供给能力、环境公共监管能力、环境公共服务提供能力和环境多中心合作共治能力欠缺等。逯元堂等（2014）认为中央与地方以及地方政府间的环境保护事权与支出责任的不合理界定，导致严重的环境污染治理缺位、越位、错位。张文彬、张良刚（2012）由于中央政府可能出现的过度规制以及地方财力与环境职能之间的不匹配，将导致地方环境标准的执行能力欠缺。第二，财政分权下环境污染治理投资效率问题是地方政府环境污染治理的主要影响因素之一。王亚菲（2011）从环保投资规模和环保投资结构的角度来探讨政府环境污染治理，认为环保投资结构直接影响政府污染治理效果，而环保投资规模的大小与地方政府环境污染治理效果的好坏呈正比关系。大多数学者集中于对环境污染治理效率的测算和评价研究。何平林、刘建平、王晓霞（2011）应用 DEA 方法实证发现当前我国环境保护投资运行效率低下，拓宽环境保护投资方式、完善投资结构等途径是提高我国环境投资资金效率的重要途径。潘孝珍（2013）则通过构建 DEA – Tiebout 模型从地方政府财政支出角度对我国各地区的环境保护效率进行测算，发现财政分权体制直接影响地方政府环境污染治理效率高低，具体体现为财政分权体制下的财权和支出责任的不匹配（闫文娟，2012）。郭平、杨梦洁（2014）从环境污染治理效率的影响机理出发，选取财政分权指标及环境污染治理指标构建面板数据，发现财政分权度与政府环境污染治理投资额呈显著的负相关关系，认为目前收入分权度低而支出分权度高的中国式分权是导致地方政府环境污染治理效率低下的主要原因。

2. 财政分权对地方政府支出行为的影响：激励与竞争

分税制以来，财政分权所带来的政府激励是促进地方政府经济行为调整和经济增长的重要力量，在政府激励作用下，地方政府间在环境污染治理领域展开竞争，对环境质量产生巨大的影响作用。

（1）财政分权、政府激励与政府行为的关系。傅勇（2007）通过实证发现财政分权下的中国公共物品供给困境，主要来自于财政支出结构偏向而并非地方政府财政总量不足；中国政府财政支出行为的偏向问题不仅与财政激励有关，还受政治架构的影响。刘河北（2013）从中国式分权视角探讨财政分权对地方官员行为的激励问题，发现财政分权所带来的政治激励和财政激励正好契合地方官员的行为最大化效应，但是财政分权下激励机制带来了经济增长的同时也导致了地方保护主义、重复建设、环境污染、区域合作治理困难等问题。龚锋、卢洪友（2009）运用多选项 Logit 模型，通过构建面板数据，检验财政分权程度与财政公共支出供需匹配指数间的关系，发现财政分权体制下中国存在着消费性公共服务供给不足，基础设施建设供给过多状况，目前中国尚不具备财政分权正向激励的制度基础。龚锋、雷欣（2010）对中国式财政分权进行数量测度，运用 Shannon – Spearman 测度方法对选取指标进行测度，其中发现地方财政支出自决率越高，地方政府安排和使用财政资金的自主性越大。黄钰（2014）通过构建1994~2006年中国省级面板数据分析财政分权对地方政府财政行为的影响程度，发现财政分权对地方政府财政支出结构和规模都有较大的影响。

（2）财政分权与地方政府财政支出竞争。财政分权引致了地方政府竞争，财政分权改变了地方政府财力和财政支出偏好，促使区域基本公共服务差距的形成和扩大（官永彬，2011），并且不同功能的财政支出竞争呈现出不同的特征（李涛，周业安，2009）。汪伟全（2009）指出，地方政府竞争是把"双刃剑"，地方政府竞争可以促使地方政府改进辖区基础设施和制度创新，降低经济主体的交易成本，促进资源有效配置，更好地保障公民权利，从而激发地方政府发展经济的积极性，实现经济发展，社会进步；但是，地方政府竞争也可能导致地方保护主义、重复建设等，对资源造成极大浪费，阻碍市场经济正常运行。

（3）地方政府竞争与环境污染治理。地方政府在环境规制过程中存在着相互"模仿行为"（李胜兰、初善冰、申晨，2014），朱平芳等（2011）通过运用变量分位数回归分析，发现地方政府间存在着环境规制策略竞争，政府间通过降低环境质量标准的竞争在不同FDI水平的城市中是有差异的，环境规制"逐底竞赛"在FDI高水平的城市显著存在而在FDI低水平城市几乎不存在。李正升（2014）通过构建政府博弈模型发现，由于环境产生的溢出效应，地方政府在环境供给方面具有策略式竞争行为，包括策略性互补和策略性替代行为，当两个地方政府间出现策略式互补行为时，两个地方政府的环保供给均将增加，但是当存在策略性替代行为时，对于环保供给的两个政府将出现"跷跷板"现象。

国内关于地方政府财政支出竞争对政府治理的环境效应研究

存在两种观点，一种是地方政府间竞争有利于提高环境质量，另外一种观点则是地方政府间竞争会恶化环境。吴志杰（2014）在构建政府财政支出竞争的环境效应模型的基础上，将财政支出按照经济性质划分，运用中国省级面板数据进行检验得出结论，经济生产类支出竞争对环境质量有着反向的抑制作用，而科教文卫类的支出竞争则有利于改善环境；政府间的财政支出竞争是"双维度"标尺竞争，环境质量会随着时间的推移和空间的差异而不同。另一部分学者则认为地方政府竞争将导致环境恶化、政府环境污染治理低效。傅勇、张晏（2007）认为政府财政支出竞争主要是偏向于生产性支出的竞争，从而导致公共服务支出水平低下和加大区域治理难度。

事实上，地方政府支出竞争不仅仅对环境会产生积极或消极影响，往往这两种情况同时存在。吕炜、郑尚植（2012）认为地方政府间的财政竞争短期内受制于辖区财力不均等和劳动力流动性不足，财政竞争与公共服务支出呈负相关，扭曲了公共支出结构，但是在长期中，在中央政府合理的制度安排下，财政竞争对于改善公共支出结构的积极效应仍然存在。

3. 财政分权下地方政府环境污染治理的策略选择

国内学者对地方政府环境污染治理策略展开了大量研究，包括完善生态补偿转移支付制度、优化政府环保财政支出投融资渠道、完善环境保护支出政策和污染跨界治理等路径。

（1）完善生态财政转移支付。生态财政转移支付是指生态环境财政预算资金在政府之间或者其他生态功能的提供者、受害者之间的转移，是实现生态补偿的重要手段。地方政府间的生态转移支付包括横向的生态转移支付和纵向的生态转移支付，彭春凝

（2009）认为通过完善财政转移支付制度的方式是构建生态补偿机制的重要途径之一，财政部［2011］428 号文件指出为了提高国家重点生态功能区所在地政府基本公共服务保障能力，在均衡性转移支付项目下设立国家重点生态功能区转移支付。徐莉萍、李娇好（2012）认为长期以来，以行政区划为依据确定财政转移支付额，是导致转移支付效率低下的主要原因，应该根据生态功能的区域特征划分生态转移支付主体功能区，明晰生态财政转移支付资金的提供者和资金的接受者，建立生态财政转移支付制度。孙青（2012）初步构想建立生态转移支付绩效审计标准，构建具体的生态转移支付绩效审计标准评价体系，实现生态转移支付绩效审计。田民利（2013）认为应重视政府间生态补偿的横向转移支付，在生态关系密切的区域或流域，促进生态补偿财政资金从经济发达地区向欠发达地区转移，使生态服务的外部效应内在化。

（2）规范环境保护投资。环境保护投资是解决环境污染问题的关键要素，而当前我国的环境保护投资面临着投资总额严重不足、结构缺乏合理性、资金运行效率低下等困境，合理划分环保投资事权、优化政府预算及转移支付结构等财政政策对促进我国环保投资的发展有重要作用（姚利驹，2011）。石丁、谢娟（2010）从环保支出预算管理的角度，提出要理顺环境污染治理事权及加强环境财政支出的预算管理，增加环境支出投入以发挥我国环境财政支出的环境污染治理作用。

（3）优化环保支出政策。环保支出政策是提高环境污染治理效率的保障，通过加大财政环保投入、完善财政体制、创新制度等方式完善公共财政政策，以促进公共财政对环保的支持（苏明、刘军民、张洁，2008）。张玉（2014）对财政政策的环境保护效应进行了分析，从"投入—产出"角度，应用环境保护财政支出数据对财政政策的环境污染治理效率进行 DEA 分析，结果表明优化环境保护财政支出政策将提高环境污染治理效率。姚利驹（2011）认为环境污染问题的解决依赖于环保投资的发展，而完善的政府环保财政政策体系能够促进环保投资的发展，对环保投资规模、环保投资结构、环保投资效率起着重要的调整和促进作用。张征宇、朱平芳（2010）通过对中国 27 个地级城市进行面板数据研究，认为各地区的环境政策竞争一定程度促进了环保支出，使各地区的环境污染治理支出呈增长趋势。因此，借鉴西方优秀政策经验，通过调整财政支出结构、创新投资方式、加大绿色补贴力度，建立环境预算支出保障制度等方式完善我国环保支出政策。

此外，由于环境污染治理的外溢性和地方政府在环境污染治理的策略行为，国内学者开始了对地方政府跨界环境污染治理研究。于东山、娄成武（2009）认为由于缺乏相关制度的约束，地方政府在利益驱动下的竞争往往两败俱伤，要实现跨区治理必须打破省级行政区划的刚性限制，必须加大跨省区域治理的制度建设。邓慧慧等（2010）运用中国市级数据，调查实证发现市级政府采取削减自己的支出作为应对其邻居的环境保护支出政策，从而导致市级政府环境总体支出不足。陈思萌、黄德春（2008）以水污染跨界治理为例，认为环境污染治理应采用马萨模式，制定自上而下的污染治理政策，采取统一管理与多层协商相结合模式。就目前的研究而言，我国对跨界环境污染治理的可行性、治理机制以及模式选择做了一定的研究，但是对我国环境污染跨区域治理的实现路径并没有具体的论述。

4. 简要评述

（1）从时间上来看，国外对地方政府环境污染治理行为的研究早于国内；在研究方法和研究内容方面存在着异同，从研究内容上有着很大的相似性，包括对地方政府环境污染治理制度安排、地方政府环境污染治理效应研究和地方政府环境污染治理的路径选择研究。在研究方法上，国外的相关研究大多使用的是规范分析方法，而国内的研究采用实证分析方法较多，尤其是在对政府环境污染治理的影响因素和环境污染治理效率方面的应用较多。

（2）从整体研究现状来看，国内外文献大多是关于财政分权所带来的收入激励手段与地方政府环境污染治理的研究。20世纪中期，学者们开始了对财政支出领域的研究，认为财政支出对政府环境污染治理起着非常重要的作用，主要从财政支出规模、结构来研究政府的环境污染治理，对环境保护投融资、跨界治理也有涉及，但是没有将以上问题综合起来探讨。同时，几乎所有的研究都是探讨财政分权所带来的地方政府财政支出行为的异化，地方政府环保动机不足，最终导致政府环境污染治理的低效，但是随着财政分权体制的改革，财政分权所带来的激励机制是否直接影响地方政府环境污染治理；反过来，地方政府环境污染治理对财政分权体制改革是否存在着促进作用。当前研究并没有提及。因此，在前人研究的基础上，探讨中国财政分权与地方政府环境污染治理之间的互动机理，探究产生环境问题的深层次原因，提出更有针对性环境污染治理对策。

（3）在评价方法上，在政府环境污染治理评价中对环保财政支出、环保治理投资等局部做 DEA 评价，而缺少从整体上来看待环境污染问题并做出相应评价。因此，通过构建 DEA - LCA 模型，将环境污染问题应看成是一个生命周期问题，研究污染产生、转移、治理的整个过程，以实现全面环境质量管理。

第四节　研究方法与技术路线图

一、研究方法

（1）文献法。对与研究主题相关的文献进行收集、整理、归类。收集了近年来国内外关于财政分权、财政竞争、环境污染治理等方面的大量文献，结合本书设定的研究对象，对现有的文献进行分析，发现主要集中的研究方向，为本书的立论和研究重点的确立提供理论支点。

（2）博弈论。运用博弈论的研究方法，通过构建地方政府与中央政府，地方政府之间，地方政府与企业之间的多个博弈模型，研究在财政分权体制下，如何达到激励与约束兼容，寻求环境污染治理的不同参与主体的利益均衡点，为研究环境污染治理的传导机制与倒逼机制提供理论支持。

（3）多元回归分析法。通过建立省级面板数据，分析财政分权度、财政环保支出、城镇化水平、产业结构等变量与地方政府环境污染治理的相关关系，从而判断这些变量对地方政府环境污染治理的影响程度。

（4）DEA–LCA评价法。以产品生命周期理论为基础，构建DEA–LCA模型，对我国各地区财政环保投资效率进行评价，为提高环保支出效率提供依据。

二、技术路线图

依据研究对象的属性以及研究内容，设计以下技术路线图

（见图 1.1）。

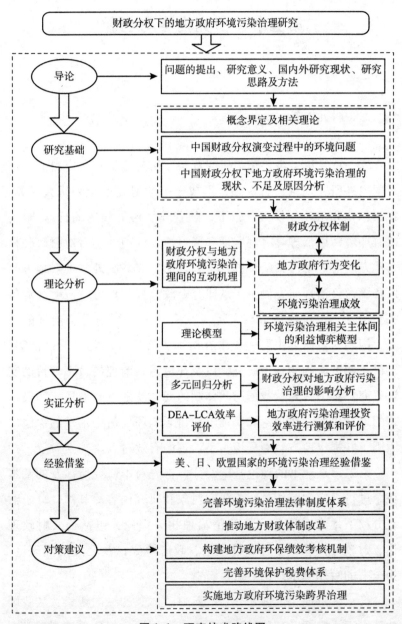

图 1.1 研究技术路线图

第五节　研究内容与创新

一、研究内容

第一章导论。主要包括研究背景、研究意义和研究目的，并对国内外研究现状进行综述，形成全书的研究框架和研究任务。在绿色化和财政分权大背景下，随着环境污染问题的日益凸显，政府环境污染治理具有现实性和紧迫性。国内外学者对财政分权与地方政府环境污染治理展开了大量的研究。国外学者对地方政府环境污染治理研究侧重于从研究财政分权与地方政府财政竞争关系出发，探讨财政分权下地方政府行为与环境污染治理的关系；国内学者研究主要是集中在对地方政府环境污染治理能力、动机、制度激励的理论研究，以及环境污染治理的效率评价的实证研究。本书首先从我国财政体制的变迁及地方政府环境污染治理的现状出发，在理论和实证上探讨影响环境污染治理的深层次原因，并提出地方政府环境污染治理的有效对策。

第二章是全书的理论基础部分。首先对本研究所涉及的基本概念进行界定和解析，明确研究对象和研究内容。其次，分析财政分权下地方政府间环境污染治理相关理论，包括公共财政理论、财政分权理论、外部性理论、政府博弈论及公共治理理论，为全书的写作奠定理论基础。

第三章是现实依据部分。沿着财政体制的纵向线索，从我国的环境污染问题及环境污染治理出发，剖析我国环境污染问题产生的历史根源，指出我国地方政府在环境污染治理中存在的不足之处并进行原因分析，为全书研究奠定现实基础。

第四章是财政分权下地方政府环境污染治理的理论框架，深入揭示财政分权与地方政府环境污染治理之间的互动机理。首先是激励机制，探讨财政分权体制下的地方政府政治激励及财政激励；其次是财政分权体制下的地方政府环境污染治理的传导与倒逼机制。包括财政分权体制—政府支出行为的调整—环境污染治理的效果的传导过程，再到环境污染治理现状对地方政府财政支出行为、财政体制改革的倒逼过程。最后，构建财政分权体制下政府间环境污染治理的利益博弈理论模型，包括中央政府与地方政府间的利益博弈、地方政府间的利益博弈以及地方政府与污染企业间的环保博弈，以描述财政分权下地方政府行为的变化对环境质量的影响，该部分的写作为实证研究部分提供分析思路。

第五章和第六章是全书的实证部分。第一，分析财政分权下地方政府环境污染治理的影响因素。对各变量进行描述性统计，对主要变量进行相关性分析和时间趋势分析，发现我国财政分权度与工业污染治理之间有着密切的关系，大体呈现出"U"型特征，并且有着较大的区域差异。为了分析各地区财政分权度对环境污染治理的影响程度，选取财政分权度、城镇化水平、地方环保支出、产业结构等指标，构建多元回归模型，深入揭示财政分权影响环境污染治理的内在机理，为对策部分提供实证基础。第二，对财政分权下地方政府环保投资效率进行评价。从产品生命周期的角度，构建 DEA – LCA 模型，对中国各地区的政府财政环保投资进行效率评价，将投入最小化、产出最大化与环境保护相结合，即地方政府间的竞争用最少的资源消耗和环境代价，实现经济增长和环境保护，为地方政府提高环境污染治理效率，实现环境污染有效治理提供实证基础。

第七章是国外发达国家环境污染治理的经验借鉴部分。本书选取在环境污染治理方面具有代表性的国家，包括美国、日本、德国等，这些国家有着先进的地方政府环境污染治理的经验，主要体现在地方政府间环境事权与财政支出责任划分，环境保护政策的实施以及政府间的财政生态转移支付等方面，为对策部分提供借鉴和参考。

第八章是全书的对策建议部分。在理论分析的基础上，根据实证分析结论，借鉴国外先进经验，结合我国实际，探讨缓解财政分权与环境污染治理之间的矛盾根源，构建地方政府经济增长与环境保护的激励协调机制，提高地方政府环保积极性，探寻地方政府环境污染治理的长效路径。

二、创新点

（1）研究财政分权与地方政府环境污染治理之间的互动机理，发现财政分权与地方政府环境污染治理之间的传导与倒逼机制并存。一方面，传导机制：财政分权体制影响政府的财政行为，进而影响政府环境污染治理效果；另一方面，倒逼机制：地方政府财政环境污染治理效果促进地方政府调整财政行为，促进财政体制改革等。将传导和倒逼机制相结合起来探讨，有利于全面认识财政分权与地方政府环境污染治理之间的关系，找到有效的、有针对性的环境污染治理路径。

（2）尝试将环境污染问题看成是一个生命周期问题，将数据包络分析法（DEA）与生命周期评价法（LCA）相结合，不仅从地方政府环境污染治理效率出发来探讨我国的环境污染治理问题，还从影响我国环境质量的整个生命周期来看待环境污染治理问题，包括环境污染的原因、能源的消耗、污染物的排放及政府环境质量监测及污染治理监管等等，从而构建地方政府环境污染治理的长效机制。

第二章

概念界定与理论基础

第一节　相关概念界定

一、财政分权

1. 财政分权的定义

财政分权往往被理解为财政联邦主义（fiscal federation），是指在政府职能和事权基础上，中央政府授予地方政府一定的财政收入和支出自主权、处理地方政府及地方政府之间关系的分权的财政体制。Oates（1999）认为财政联邦主义主要研究的是不同层次政府的职能和它们之间通过转移支付等工具所形成的相互关系。这一定义表明了财政联邦主义与财政分权之间在概念上有一定程度的重叠，但财政联邦主义更侧重于不同层次政府的共存和相互关系，包括不同层次政府间的职能分配、税收与支出分派和转移支付。财政分权体现出两大特征：第一，财政职能与财政收支的相对独立性，即政府间职能及收支范围划分明确。第二，激励相容性，分权体制既要保证政府间的利益协调，又要保证各级政府官员与地方居民利益的协调统一。本文所涉及的财政分权和财政联邦主义视为同一概念，不作区分。

2. 财政分权的类型

一般说来，财政分权有三种类型：不伴随权力下放的行政代理型、权利分散化的联邦制性和政府完全分权化型。1994 年，我国初步建立了财政分权体制框架，我国的分权体制属于权利分散化的财政体制（钱颖一，2010）；随着财政竞争的日益激烈，由于地方政府缺乏提供公共产品和公共服务的激励机制，我国逐渐形成了"市场维持型联邦主义"，即中国式分权体制（李正胜，2014）。

3. 环境联邦主义

20 世纪末，西方学术界关于环境污染治理、环境监管问题提出了环境联邦主义。艾瑞克（Arik，1997）认为环境联邦主义就是环境政策制定以及环境质量监管在各级政府间的分权。奥茨（Oates，2002）对环境联邦制提出了新的解释，他认为环境政策以及环境质量标准的制定通常发生在包括各级政府所形成的统一的决策机构里，决策机构确定不同层级政府在环境质量标准设立时的角色和承担环境质量及监管责任；中央政府除了为国家污染物制定标准外，还需要对支持环境科学研究和提供污染控制技术的州和地方政府提供所需的信息和指导。

二、地方政府

地方政府，一般来说，有以下两种含义：第一，按照管辖范围和管辖权利来定义，指最接近公众的基层政府（local government），强调地方性；或者是指中央政府之下的各级政府的总称（subnational governments），强调层级制。第二，按照管辖事物的性质来定义，地方政府是承担涉及到部分或局部管辖范围国民利益的机构，负责提供包括交通、医疗、环保等公共服务。在中国，宪法第九十五条规定，除了台湾地区、香港特别行政区和澳门特别行政区外，地方政府是中央政府下的四级政府的统称，包括省、直辖市、自治区，地级市、市辖区，县、县级市，乡、民族乡、镇，具有层级性的特征。所指的地方政府是指中央之下的各级政府。

如今，世界上大多数国家都实行多级财政体制，各级政府有相对独立的收支权力，但是一般说来，地方政府相对于中央政府而言，拥有有限的权力，如调整地方税收政策、税收征管及有限的立法权等等。在中国当前财政分权体制下，中央政府主要负责环境法律法规的制定、防范未知环境风险、协调跨地区的环境保护等事项。地方政府则承担具体的环境责任，包括制定和执行本辖区的环境政策，对本辖区的环境进行监管，提供环境公共服务和公共产品；并接受中央政府对其环保责任和环保行为的指导和监督。

三、环境污染治理

一般来说，环境治理包括两方面内容：环境污染治理和生态保护，其中环境污染治理是中国环境治理的主要内容。因此，为了便于研究，本书所研究的环境治理侧重于环境污染治理。

按照污染物的物理形态来划分环境污染类别：包括大气污染、水污染、固体废弃物污染和噪声污染。环境污染治理指的是为有效利用各类资源，采用环境科学、经济学和管理学等理论，探究导致环境恶化的主要原因；采用工程或非工程的方法对水污染、大气污染、固体废弃物污染、噪声污染等进行改善和消除，实现环境污染的预防和治理，促进人与自然环境的和谐发展。

环境污染治理具有如下特征：第一，环境污染治理既是手段也是过程。政府采取各种手段实现环境保护目的的行为或活动，最终目的是消除公害，使人体健康不受损害；第二，强调环境公平、环境责任及参与主体的多元化，实现全面质量管理。

就我国而言，在财政分权体制下，环境污染治理主要由地方政府承担。中共十八届三中全会指出，要建立政府间事权和支出责任相适应的制度，并对我国中央与地方政府间环境事权进行了明确划分。中央政府主要承担全国性环境保护事务的监督和管理事权，包括环境保护宏观调控、环保统一规划和管理；负责全国性重大污染防治事务的监督和管理；负责具有较大外溢性和较强公益性的环境基础设施建设投资；国家层面环境管理能力建设；开展全国性环境教育与环境科学研究；促进环境基本公共服务均等化，完善环保专项转移支付等事权。地方政府负责辖区的环境保护事务，包括辖区的环保规划、环保标准制定、污染治理与环保事务的监督与管理。当然，关于跨流域、跨区域重大环境问题评估、重大规划实施与重大项目建设等环境保护事务属于中央与地方政府事权共担领域，统一规划，合理分担。中央政府负责环境问题规划和评估，通过转移支付交由下级政府承担具体的支出责任。

四、地方政府竞争

学术界目前为止对地方政府竞争的涵义还没有达成共识。地方政府竞争的研究始于蒂伯特的"用脚投票理论"，他在该理论中提到，由于居民会根据自己的偏好选择公共产品供给与税收的最佳组合的辖区居住，地方政府将为了留住居民而展开公共产品供给等竞争。学者们从不同角度来阐释地方政府竞争，大致包括以下两个方面：

第一，从政府间关系来划分，包括地方政府间纵向竞争和横向竞争。任何一个政府机构不仅与上级机构存在着资源、控制权等方面的纵向竞争，还与同类机构存在着资源的横向竞争。

第二，从政府竞争方式来划分，分为政府间税收竞争和政府间财政支出竞争。地方政府间税收竞争是指地方政府间存在着税收方面的策略互动关系。即各地方政府会采取通过降低税率、税收优惠等调整税收政策的方式以吸引外地资源流入，以达到提高本区域的经济水平的目的。地方政府间财政支出竞争是指地方政府间存在着财政支出方面的策略互动关系，地方政府会通过调整本区域财政支出的方式，吸引资源流入，以达到公共物品供给、引入资本和技术的目的。

目前，学者们对地方政府税收竞争所带来的环保效应展开了大量研究。在财政分权体制和政府官员政绩考核压力下，地方政府间存在税收竞争毋庸置疑；然而一直以来，地方政府间都不具有财政支出竞争的动机，尤其是在环境保护支出领域，但是随着项目制管理制度的建立，卫生城市和宜居城市的评比以及环保绩效考核的推动，对增加地方政府环境保护支出的呼声越来越高。因此，从财政支出的角度，分析地方政府的环保压力和动机，探索地方政府环保支出竞争的可能性。

第二节　理 论 基 础

一、公共财政理论

公共财政是指由于存在着市场失灵，市场在资源配置过程中不能有效提供公共产品和公共服务；而政府能够弥补市场失灵，履行提供公共产品和公共服务的职能，并形成一定的财政收支关系和财政管理方式。

1. 公共财政理论的形成与发展

公共财政理论起源于西方国家，英国经济学家亚当·斯密在《国富论》（1776）中写到政府财政职能应限定在公共安全、公共服务、国债等范围，为公共财政理论奠定了基本的理论框架①。西方公共财政理论是伴随着资本主义国家关于政府职能的争论而产生和发展的。在自由资本主义时期，学者们主张充分发挥市场的调节作用；以亚当·斯密为代表的自由主义学派经济学家反对国家干预、主张自由竞争，认为市场可以有效配置社会资源，同

---

① 亚当·斯密，郭大力、王亚南译．国民财富的性质和原因的研究 [M]．北京：商务印书馆，2008．

时也承认国家承担"夜警察"的职能,认为政府做到维护公共安全、提供公共服务即可。随着资本主义世界经济大危机的爆发,市场调节的缺陷日益凸显,经济学家发现市场在资源配置、收入分配等方面存在着严重缺陷,认为政府干预是解决经济危机的主要途径,此时的公共财政理论主张政府干预;凯恩斯在其《就业、利息和货币通论》(1936)一文中认为政府可以通过需求管理政策等矫正由于市场缺陷所导致的经济波动,20世纪50~60年代,以萨缪尔森为代表的公共产品理论,希克斯、汉森构建的IS-LM模型以及汉森-萨缪尔森模型等进一步发展了凯恩斯理论,力证政府干预的必要性。20世纪60年代中期以后,西方资本主义国家出现了"滞胀"现象,西方经济学界包括供给学派、新自由主义学派、公共选择学派等对政府干预产生了质疑,并进行了抨击,自由主义开始抬头;以哈耶克为代表的新自由主义学派推崇市场经济和货币非国家化、强调自由竞争、反对计划经济和集体主义,在其《通往奴役之路》(1944)中写到国家不应扮演一个被要求束缚手脚只能袖手旁观的角色,而是创立和维持一种有效的竞争制度的积极参与者,创造条件使竞争尽可能有效。因此,竞争制度要得到有效的强制执行和正常运转仍然需要法律体系的制定和约束。布坎南等人在公共选择理论中提到,政府干预和市场调节一样也存在着局限性和缺陷,会出现政府失灵。因此,20世纪80年代出现了新凯恩斯主义,奉行的是以新古典主义为基础的国家干预主义理论,认为政府的存在是由于"市场失灵",市场有失灵,政府也有失败;应合理处理政府与市场的关系,市场能够调节的领域由市场机制进行调节,而政府活动范围仅限于市场无法调节或调节失败的领域。

2. 公共财政理论与环境污染治理

环境资源具有典型的公共物品特征，由于环境资源的产权不易界定以及其外部性特征，市场不能有效地实现环境治理，这是市场失灵的一个表现。环境保护问题，是人类生存和发展的基本前提，环境污染的日益严重，不断威胁人类身心健康。因此，环境保护、环境治理已然成为公共需要，具有明显的公共性特征，需要借助政府的力量实现。地方政府承担着环境治理的重要职能，并且大部分地方政府的经济考核与环境保护已列入政治任务。因此，在当前的财政体制下，地方政府陷入了发展地方经济和环境治理两难的局面，地方政府普遍缺乏政府环境治理动机、环境治理决策失误、技术低下、效果不佳等问题频现。因此，提高政府环境治理成效需要理顺财政收支关系和强化地方政府的环保职能，建立与地方经济发展相容的环境治理制度具有必要性和紧迫性。

二、财政分权理论

1. 财政分权思想

财政分权是指地方政府被赋予一定的债务安排、税收权力和预算自主权，以促使地方政府积极参与社会管理，提供更好的服务。马斯格雷夫（1959）较早的提出了分权思想，他从财政职能出发，认为地方政府在公共物品供给效率和公平性分配方面具有优越性，中央政府与地方政府分权有其合理性和必要性①。奥

---

① Musgrave，R. A. The Theory of Public Finance：A Study in Public Economy ［J］. The American journal of clinical nutrition，2014，99（1）：213.

茨（1972）在其《财政联邦主义》一书中也表达了他的分权思想，并提出了奥茨"分权定理"，他认为同样的公共物品供给成本，地方政府由于其根据当地居民的偏好而采取的资源配置政策，将带来较上级政府更高的供给效率①。

2. 财政分权理论的形成和发展

蒂伯特（1956）发表的《一个地方公共支出的纯理论》文章中首次提及财政分权理论，随后学者们对其进行了深入研究，该理论的发展分为两个阶段。

第一代财政分权理论以蒂伯特、奥茨、马斯格雷夫等学者为代表，围绕着地方政府职能和公共物品供给展开，他们认为地方政府之间会为了获得更多的资源配置权利而展开的竞争，促使政府官员做出反映纳税者偏好的财政决策，有利于强化政府行为的预算约束，从而提高社会总体福利水平。第二代财政分权理论以钱颖一、温格斯特等为代表，主要探讨财政分权体制下政府的行为，他们同意第一代财政分权理论关于对政府本身有激励机制的看法②，但是他们认为在政府官员是"经济人"的假设下，官员会做出自身利益最大化倾向的政治决策，这将导致政府官员激励与居民福利激励不兼容。第一代和第二代财政分权理论也有共同的观点，都认为财政分权有着减少信息成本、有利于提高资源配置效率等作用。21世纪初，财政分权理论有了新的发展，更加关注财政纪律。桑吉内蒂（Sanguinetti）和托马西（Tommasi，

---

① 华莱士·E. 奥茨，陆符嘉译. 财政联邦主义［M］. 南京：译林出版社，2012.

② Barry R, Weingast. Second generation fiscal federalism: The implications of fiscali ncentives ［J］. Urban Economics, 2009（65）：279－293.

2004）认为财政分权会导致地方政府不遵守财政纪律，而合理、有效的各级政府间的财政转移关系能够解决这一问题，他们通过构建政府间转移支付体系，以激励地方政府遵守财政纪律。

3. 财政分权理论与环境污染治理

当前西方财政分权理论在财政分权与环境质量关系上存在着争论。刘奇（2013）从财政分权与政府环境治理的关系进行探讨，他认为财政分权将带来地方政府间的竞争，有利于提高政府环境治理效率。但是学者们对第二代财政理论的应用较多，尤其是对财政分权所带来的负面影响的研究，李正升（2014）当前的中国式财政分权中，中央政府过于强调经济增长对地方政府所带来的较强的财政激励，地方政府会为了当地经济发展采取策略式行为，包括策略互补和策略替代两种行为，不同的策略行为将带来不同的环境治理效果。刘剑雄（2009）说我国的财政分权改革其实就是政府间就财政资源的"讨价还价"和竞争，但是财政分权将使地方政府官员拥有更多控制资源的权力，容易导致腐败的增长；薛钢、潘孝珍（2012）通过对中国30个省份的面板数据进行分析，结果表明以支出分权度衡量的财政分权指标与污染物排放规模负相关，即财政分权度越高，污染物排放规模越大。

三、外部性理论

1. 外部性理论的形成和发展

1890年，新古典经济学家马歇尔首次提出"外部经济"的概念，他从经济规模扩大的原因角度对外部性问题作了概括，认为外部性是指一个经济主体的行为对另一个经济主体的福利产生的影响，该影响并没有通过市场价格反映出来[①]。

随后，学者们从不同角度来定义外部性，对外部性理论进行了完善和扩充。萨缪尔森从外部性的产生主体角度，认为外部性指那些生产或消费所带来的不可补偿的成本或获取了无需补偿收益的情形。兰德尔从外部性的接受主体角度，认为外部性是没有参与决策的人被强加于的某些效益或成本。外部性可分为正外部性和负外部性，正的外部性指当私人边际收益小于社会边际收益时，没有得到相应补偿的现象；负外部性是指当私人边际成本小于社会边际成本时，没有受到相应的惩罚。

庇古（Pigou）在 1920 年出版了《福利经济学》，书中他对外部性产生的原因、类型、影响及其解决方案展开了探讨，形成了静态的、技术的外部性理论的基本框架体系，其中提出了修正性税收方案可以解决外部性所可能导致的无法实现资源的帕累托最优配置的问题。1928 年，阿温·杨格（A. Young）发表论文《收益递增与经济进步》，文中外部性问题扩展到经济普遍联系之中，系统地阐述了动态的外部经济思想。1952 年，英国经济学家鲍莫尔（Baumo）出版《福利经济及国家理论》一书，对外部性理论进行了综合性研究。鲍莫尔继承了庇古理论的边际私人成本与边际社会成本产生差异、对社会经济产生不合意的影响以及采用奖励与赋税制度解决外部性的方法。

第二次世界大战后，科斯（Coase）等沿着庇古的思路进一步寻找负外部性内在化的途径，试图通过市场方式解决外部性问

---

① Marshall, A. Principles of economics [J]. Political Science Quarterly, 2012, 31 (77): 430 – 444.

题，认为解决外部性问题应该从社会总产值最大化或损害最小化的角度考虑，而不能局限于私人成本和社会成本的比较，当交易费用为零时，在产权明确界定的情况下，自愿协商可以达到最优污染控制水平。保尔·罗默（Paul Romer）等在杨格研究的基础上、以人力资本的外部性为基础形成了新经济增长理论，其1986年发表的《收益递增与长期增长》一文中建立了一个具有外部效应的竞争性动态均衡模型，他把知识可分解为一般知识和专业知识，一般知识可以产生规模经济，专业知识可以产生递增收益，分别形成社会收益和私人收益；技术进步以知识生产为基础，而知识具有"溢出效应"，并依赖于人力资本投入和知识积累量。

2. 外部性理论与环境污染治理

对于两者的关系，学者们有不同的看法，以庇古为代表的市场环境主义学派认为，通过市场信号来促使企业和个人调整其经济行为，借助可交易的许可证制度、排污收费制度、产权制度等"市场的力量"，促使环境外部性内在化。而环境干预主义学派则认为市场是有缺陷的，同时环境具有外部性特征，必须实行政府干预；该学派代表人物加尔布雷思、鲍莫尔和奥茨等认为采取法律的手段是环境治理的关键。政府应该采用"命令—控制"型政策工具制定环境质量标准，通过法规或禁令来约束危害环境的活动和行为。此外，埃莉诺·奥斯特罗姆提出了环境自主治理模式，她认为建立制度供给、可信承诺及相互监督等资源使用者自组织的治理模式能够促使外部性内在化，而不应该过度的夸大政府为外部治理者的作用，这是治理环境的第三条道路①。

---

① 埃莉诺·奥斯特罗姆，于逊达译. 公共事物治理之道 [M]. 上海：上海三联书店，2000.

环境污染治理具有显著的外部性特征，从当前环境污染治理现状看，在地方政府政绩考核体制的激励和约束下，地方政府以经济建设为重心，导致重复建设、地方保护主义现象频发，资源浪费和环境破坏严重，由于资源的有限性和环境污染的外溢性，直接影响相邻辖区的环境受损，不利于地方政府资源、环境的可持续发展。因此，政府必须认清导致环境污染的原因，利用市场的力量，综合运用各种手段鼓励环保行为、干预环境污染行为。认为在环境污染治理中要合理划分市场和政府的边界，充分发挥市场和政府的作用，促进环境治理的有效性。

四、政府博弈论

博弈，常常被理解为能够独立决策、承担后果的个人和组织根据所掌握的信息，实施行为或策略的所得和所失过程。地方政府间博弈是指地方政府在一定条件和规则下，实施各自所选择的行为或策略，并从中取得相应结果的过程。

1. 博弈论的产生和发展

19 世纪末，早期博弈论产生了，1883 年伯川德（Bertrand）和 1925 年艾奇沃奇（Edgeworth）构建了寡头厂商价格博弈模型，该模型假定各寡头厂商生产的产品是同质并且厂商之间没有串谋行为，经过推断其研究结果与现实不符。1944 年，数学家冯·诺依曼与摩根斯坦恩所著的《博弈论与经济行为》完整而清晰地表述了博弈论的研究框架和基本公理，标志着现代系统博弈理论的初步形成。20 世纪 50 年代，经济学家纳什在其《非合作博弈》的文章中提出了纳什均衡概念，这是博弈论发展的新时期。纳什均衡指的是存在着这样的一种策略组合，任何参与人单独改变自己的策略都不会从组合中得到好处①。20 世纪 70 年代至今，博弈论的应用领域有了较大扩展，涉及到军事、环境法律等诸多领域，博弈论体系也不断地得到完整和丰富。

2. 博弈论与环境污染治理

环境各参与主体之间的博弈行为贯穿了整个环境治理过程，包括中央政府与地方政府间的博弈，地方政府间跨区域环境治理的利益博弈，地方政府与微观个体之间的环境治理博弈等，博弈论为分析政府间竞争提供了理论基础。在传统的高度中央集权的经济体制下，我国地方政府竞争所体现出来的是中央政府与地方政府之间的政治利益的博弈。随着分权制财政体制改革的深入，中央与地方的收支权责划分进一步明晰，地方政府主体利益得以实现，地方政府间的竞争更多地体现为争夺财政资源的博弈，地方政府在利益最大化的驱使下，政府行为短期化、重复建设现象频频发生，破坏性竞争明显。同时，地方政府在环境跨界治理方面也存在着竞争，由于环境治理的外溢性和环境治理事权与支出责任划分不明晰等原因，地方政府往往采用"搭便车"的策略，最终走入"囚徒困境"，导致公共地悲剧。因此，构建地方政府间良性的竞争秩序，有利于促进地方政府环境跨界治理的实现。

---

① Nash J. Non-cooperative games [J]. The Annals of Mathematics, 1951, 54 (2): 286 –295.

五、公共治理理论

1. 公共治理理论的形成和发展

公共治理理论发源于公共选择理论，公共选择理论是在理性经济人假设的基础上来解释政府的政治决策过程，认为在资源配置过程中市场有失灵，政府也有失败，政府决策的过程是一个讨价还价的过程①。20 世纪 90 年代，公共治理理论在市场失灵论和政府失败论的基础上，提出国家治理是政府、市场和第三部门的综合治理。盖伊·彼得斯（1996）所著《政府未来的治理模式》主张各国政府进行政府革新，竭力构建新的政府治理模式，彼得斯认为政府未来的治理模式包括强调政府管理市场化的市场式政府、更多人参与政府管理的参与式政府、政府管理更加灵活的弹性化政府和减少政府内部规则的解制型政府，不同的政府治理模式适用不同的政府体制，从管理理念、政策制定、公共利益角度来探讨政府管理模式的转变②。鲍勃·杰索普（Jessop，1999）指出研究政府治理范式必须要厘清市场、国家与合作伙伴之间的关系及其在经济协调中的作用，这些关系均有趋于破裂的可能性③。在 20 世纪 90 年代，"治理"涉及到全球化和跨国组织的领域。随着全球生态环境的恶化，在国际治理理论的基础上，从制定国

① 布坎南，塔洛克，陈光金译. 一致同意的计算 [M]. 北京：中国社会科学出版社，2000.
② B·盖伊·彼得斯，吴爱明等译. 政府未来的治理模式 [M]. 北京：中国人民大学出版社，2001.
③ 鲍勃·杰索普. 治理的兴起及其失败的风险：以经济发展为例的论述 [J]. 国际社会科学，1999（2）：31 – 78.

际环境治理秩序到具体措施的实施，环境保护的全球治理发挥着重要作用。

2. 协调公共环境的公共治理理论（埃莉诺·奥斯特罗姆）

埃莉诺·奥斯特罗姆以公共环境为研究对象，包括地下水、山林草场、灌溉系统等，遍及美国、中国、加拿大、日本、俄罗斯等国，这些案例是其公共治理理论的基石。其公共治理理论主要包括三大内容：第一，社会资本理论。奥斯特罗姆认为调动公众参与公共环境治理的积极性，增强公民环境危机感意识，需要充分利用社会资本，实现公共资源的优化配置。第二，自主治理理论。自主治理理论中提到了八项设计原则，包括清晰界定边界、使占用和供应规则与当地条件保持一致、集体选择的安排、监督、分级制裁、冲突解决机制、对组织权的最低限度的认可和分权制企业。她认为应将这八大设计原则应用到公共环境的治理当中去，使公共环境得到"强有力的"制度绩效约束，形成公共环境的治理模式。第三，多中心治理理论。多中心理论指出通过社群组织自发秩序形成的多中心自主治理结构，可以在最大程度上实现对集体行动中机会主义的遏制以及公共利益的持续发展。将多中心理论应用到公共环境治理中，即强调各国政府、赢利性组织、公益团体等组成公共环境治理的各个层次，彼此之间相互约束，相互合作。该理论为公共环境治理提出了市场调节和政府调节之外的方式，为公共环境治理的责任界定提供了另一条途径。

公共治理理论为地方政府环境治理奠定了理论基础。由于环境问题的公共性，环境治理是政府的重要职能之一，政府治理不仅需要政府环保财政支持，还需要更多的环保投融资，坚持PPP

原则，实现环境治理参与主体的多元化。同时，由于环境污染以及环境治理的外溢性，环境跨界治理是当今环境治理的主要内容之一，通过财税制度安排和财税政策的引导，地方政府树立跨界合作理念，促进环境跨界治理。

第三章

我国财政体制演变中的
环境治理

新中国成立以来，我国财政体制经历了统收统支、大包干到分税制的演进过程，在财政分权体制演进过程中，环境治理问题也逐步得到了重视，环境管理体制逐渐形成并不断完善①。改革开放以前，我国环境管理以行政管理为主，缺乏系统的立法与经济手段；1978～1993年，我国实行以放权让利为主要特征的财政体制，在党和政府对环境治理的高度重视下，多元化的环境管理体制逐步形成；1994年分税制改革以来，我国陆续颁布了与环境治理相关的法律、行政法规，为完善我国环境管理体制提供了制度保障。然而，由于长期对环境问题的忽视和粗放型的经济增长方式，当前我国环境问题仍十分突出，成为制约国民经济和社会发展的主要障碍之一。

---

① 刘克固，贾康. 中国财税改革三十年亲历与回顾 [M]. 北京：经济科学出版社，2008.

第一节　我国财政体制的演变

一、统收统支时期的财政分配关系

在计划经济时期，我国实行的是一种高度集权的财政管理体制。1950 年，我国建立了统收统支管理体制，这种体制是特定历史条件下的产物，能够充分调动国家资源，集中力量办大事，对于平衡国家预算收支、稳定物价，迅速恢复国民经济秩序起到了积极作用；但是不利于发挥地方的积极性。1951 年，我国将统收统支改为"以收定支，统一领导"的办法，后来又改为中央、省、县三级预算管理；1958 年实行以收定支的中央、地方比例分成的行政性分权；1959 ~ 1969 年总额分成；1971 ~ 1975 年的定收定支，1978 年的"增收分成、收支挂钩"财政体制。这一阶段虽然也经历了两次大规模的财政分权：1958 ~ 1961 年的权力下放和 1970 ~ 1976 年"文化大革命"时期的权力下放，但是中央与地方的关系仍然体现出统收统支的财政集中体制特征：即中央政府集中全部的财政收入并制定统一预算，而国家则通过财政拨款的方式来满足各项支出。在计划经济时期，我国财政支出占 GDP 的比重在 25% ~ 34%，见图 3.1。

从图 3.1 可以看出，在 1952 ~ 1978 年，财政收入占 GDP 的比重呈上升趋势，体现出该阶段统收统支的高度集权的财政体制特征。1958 ~ 1959 年，财政收入占 GDP 的比重呈现出较大的增长幅度，1959 年达到了这个时期的最高比重 33.8%，这是由于

1958 年"体制下放"所实行的中央和地方政府之间的"比例分成，三年不变"的行政分权体制。但是 1959 年后呈现出持续下降趋势，此时又恢复到了高度集中的财政体制，实行的是"总额分成，一年一变"；1975～1977 年呈相对平稳趋势，1978 年又上升到继 1959 年后的又一较高比重 31.1%。

（%）

图 3.1　1952～1978 年国家财政收入占 GDP 比重示意图

数据来源：中国统计年鉴（1953～1979）[Z]. 北京：中国统计出版社.

　　总的来说，计划经济时期我国财政支出占 GDP 的比重较高，统收统支的财政体制导致地方缺乏应有的积极性，国家扮演了总企业家和总家长的角色，财政支出占 GDP 的比重自然就很高。历年统计年鉴上的相关数据表明，计划经济时期的 GDP 增长主要依靠政府的财政投资来拉动，财政支出与 GDP 有着密切的关系。一方面，财政支出的大小影响 GDP 的增长速度；另一方面，随着 GDP 的增长，财政支出也随之增长。随着经济的发展，财政支出占 GDP 的比重由 1952 年的 25.92% 逐渐上升到 1978 年30.78%，其中 1960 年财政支出占 GDP 的比重有较大波动，上升到了这期间的最高比重 44.89%，这是由于 1960 年是我国实施的第一个五年计划的第一年，增加了大量的基础设施建设支出，但从总体上看，财政支出的增加对国内生产总值的增加依赖度较高。

二、改革开放至分税制改革时期的财政分配关系

统收统支财政制度下，中央财政支出不断的扩大带来了巨大的财政压力。因此，20 世纪 80 年代国家开始了以"放权让利"为核心的财政体制改革，推行了以"分灶吃饭、财政包干"为主旨的利改税、划分税种、核定收支和分级包干的体制改革。这些包干由于其差异性和随意性导致中央和地方互相侵权，财政支出的讨价还价现象时有发生，税收调节功能弱化，国家财力偏于分散，制约财政收入合理增长，弱化了中央政府的宏观调控能力（见图3.2）。

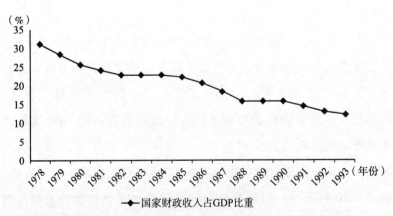

图 3.2　1978~1993 年国家财政收入占 GDP 比重变化趋势图

数据来源：由中国统计年鉴（1979~1994）［Z］. 北京：中国统计出版社.

从图 3.2 可以看出，1978~1993 年，全国财政收入占 GDP
的比重整体呈持续下降趋势，比重从 1978 年 31.2% 持续下降，
到 1993 年比重为 12.3%，反映了在此期间，中央调控能力逐渐
弱化。

三、分税制改革以来的财政分配关系

分税制改革的核心是打破按企业行政隶属关系组织各级财政
收入，合理划分各级政府间税种，从而规范各级政府间的财政分
配关系。分税制有利于规范中央和地方政府的收入分配方式和范
围，为构建中央和地方各自相对对立的财政关系奠定基础[①]。分
税制改革使中央政府获取了财政资源的主要部分，有相当一部分
的财政支出项目下放给了地方政府，出现了"财权上收，事权下
压"的局面，这虽然有利于强化中央政府调控能力，但会出现加
大地方政府的财政压力，拉大地区差距等问题。

图 3.3 显示，从 1994 年开始，全国财政收入占 GDP 的比重
呈持续上涨趋势，到 2012 年，达到了 1986 年以来的最高比重
22%，中央政府财政收入也呈现上涨趋势，中央政府在财政方面
的调控能力得到了加强，2013 年以后全国财政收入和中央财政
收入略有下降，但从总体上可以看出分税制加大了中央财政收入
的比重，增加了其对地方政府的控制。

图 3.4 显示，在这个阶段虽然地方财政支出与地方财政收入
均呈上升趋势，但是地方政府财政收入所占比重明显大大低于中

---

① 高培勇，杨之刚，夏杰长，等. 中国财政经济理论前沿 [M]. 社会科学文献
出版社，2005：232-233.

央财政收入所占比重，并且地方财政支出总量及上升速度明显高于地方财政收入。

图 3.3　1994～2014 年全国财政收入占 GDP 比重、

中央财政收入占 GDP 比重变化趋势图

数据来源：中国统计年鉴（1995～2015）［Z］.北京：中国统计出版社.

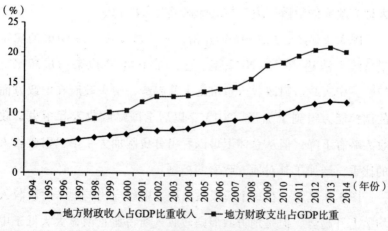

图 3.4　1994～2014 年地方财政支出、地方财政

收入占 GDP 比重变化趋势图

数据来源：中国统计年鉴（1995～2015）［Z］.北京：中国统计出版社.

第二节　我国财政体制演变中的
环境问题与环境治理

随着我国经济体制转轨及财政体制改革，环境问题也发生了较大的变化，随之而来的则是政府在环境治理问题上的变化。在计划经济时期的统收统支财政体制下，中央政府虽然对地方进行了大量的投资，但是这些投资很少直接用于环境保护，即使有类似的财政支出，也是基于资源导向的，环境问题实际上在计划时期就已经留下了隐患；从改革开放到分税制改革时期，我国开始了大规模的开发，资源大量浪费，产生了大量的废弃物，加上地方政府在招商引资下，中国甚至一度成为发达国家"污染转移的避难所"，加剧了我国的环境问题；分税制改革以来，以中国政府签订《21世纪议程》为标志，政府开始高度关注环境问题，但是长期形成的结构刚性和发展方式的路径锁定，以及地方政府的优惠政策向"商人倾斜"的不良倾向，使得我国环境问题越来越凸显。

一、统收统支时期的环境问题与环境治理

虽然，在计划经济时期，中央政府对地方政府进行了大量的投入，但是从投入去向上看，并没有投向环境治理。循着计划经济时期的经济发展轨迹，可以清晰地看出我国环境问题产生的历史根源。

新中国成立初期，由于当时生产规模不大，所产生的环境问

题大多是局部性的生态破坏和环境污染，经济建设与环境保护之间的矛盾尚不突出，导致环境问题并没有得到应有的重视，在"征服自然、改造自然"的发展主题下，经济发展是以生态环境破坏为代价的。"以钢为纲"的发展方针造成了大量的森林被砍伐，粗放式的、小规模的炼钢炉遍布全国的每一个角落，带来了大量的温室气体排放；"以粮为纲"发展时期，全国的土地被深耕，作物被密植，不仅违背了农业生产的自身规律，还严重破坏了地力，这为我国当前环境问题埋下了祸根。"大跃进"及"文革"时期，采取的是重工业优先发展的粗放式经济增长战略，财政收入大幅增长的同时所带来的是经济效益低下，最终导致资源浪费和环境污染日益加剧，20世纪70年代，我国点源污染现象日益增多，环境问题也逐渐引起了党和政府的关注，但是当时仍然是以资源与经济导向，而非完整意义的环境导向，并没有形成完整的环境治理体系。

1956年，中国提出了关于环境污染治理的第一个方针——"综合利用"工业废物的方针，并依托供销合作社系统建立了废旧物质回收利用的网络。无论是工业领域的"三废利用"还是生活领域的废旧物质回收，远远无法消化经济发展所产生的废物，这些废物日积月累，治理起来也将是一项长期而复杂的系统工程。

中国对环境问题的忽视与世界逐步兴起的环保浪潮形成了强烈的反差。20世纪60年代，以卡逊的《寂静的春天》和波尔丁的"宇宙飞船经济理论"为代表的环境治理思想开始在西方萌芽；20世纪70年代，罗马俱乐部出版了《人类一百年》等巨著以及斯德哥尔摩环境会议的召开，环境保护观点在西方逐步影响深入；与此同时，在亚洲的日本，其环境公害问题也引起了广泛

关注。我国在周恩来总理的指示下，也派代表参加了第一次人类
环境会议，并于1973年颁布了《关于保护和改善环境的若干规
定》，这可以看作是我国政府关注环境问题的开端。但是我国当
时并没有形成环境治理的完整框架，环境治理的手段单一，主要
以行政管理手段为主，缺乏完善的法律约束；在环境治理的财税
制度上主要使用税收，在税种的选择上，主要以流转税为主，以
利代税，轻征资源税等内容，尤其是对公共资源免征或轻征税收
的举措造成了许多"公共地悲剧"事件的发生，生态系统逐步遭
到破坏。

二、改革开放至分税制改革时期的环境问题与环境治理

改革开放至分税制改革期间，我国对环境管理体制的建构给
予了更多重视，逐步改变了计划经济时期单一的环境行政管理体
制，引入法律管理和经济管理，形成了多元管理体制。1979年9
月我国通过了环境保护基本法—《中华人民共和国环境保护法
（试行）》，这标志着我国的环境保护工作进入了法治阶段；1983
年我国将环境保护确定为我国的一项基本国策，制定了"预防为
主、防治结合、综合治理"，"谁污染、谁治理"的环境政策；
1988年设立了国家环境保护局，依法实施环境保护的监督管理
职能，并在"六五"、"七五"计划中都将环境保护作为单独计
划列出，对环保任务和实施措施做了较细致的规定。

但在此期间，我国走的是一条"大规模开发—大量资源浪
费—大量废弃物排放"的线性增长路径，体现为低端化的产业结
构与粗放式的经济发展方式，边建设边破坏。主要城市河段污染
严重；逐年累积的大气污染问题逐步凸显（温室效应、酸雨）；物

种灭绝、土地沙漠化、森林锐减等环境问题逐步愈演愈烈，环境污染的恶性事件时有发生，我国经济的发展是以资源浪费和环境破坏为代价的。

三、分税制以来的环境问题与环境治理

分税制改革以来，我国不断完善环境管理体制，对环境问题的重视程度也不断提高。1994 年，我国签署了《21 世纪议程》，在"九五"规划中，将环境保护提高到了重要地位

1. 环境保护支出逐年增长

2005 年是中国高度关注环境保护年，出台了多部环境保护的规定、草案、章程；2007 年，我国将环境保护支出纳入国家财政预算（当年的预算支出为 995.82 亿元），到 2013 年国家财政预算环境保护支出为 3435.15 亿元，是 2007 年的 3.45 倍。随着国家财政支出在节能环保领域的增加，节能环保的主要项目支出也呈现出不同程度的增长趋势，国家环境保护财政支出的重点领域是污染防治、生态建设和节能/再生资源领域，其中，污染防治支出占全国环境保护支出的比例均超过 26% ~ 30%，生态建设支出所占比例为 21% ~ 26%，节能/再生资源支出占有最大比重，在 34% ~ 38% 之间（见表 3.1）。

以 2014 年为例，国家财政节能环保支出为 3815.64 亿元，其中污染防治支出 1084.54 亿元，占国家节能环保支出的 28.42%；生态建设支出 827.76 亿元，所占比例为 21.69%；节能/再生资源支出 1306.89 亿元，占全国节能环保支出的 34.25%，环保管理支出及其他支出分别占 6% 和 10% 的比重，见图 3.5。

表 3.1　　　　　2010～2014 年环境保护支出主要项目　　　单位：亿元

年份	环境保护管理支出	污染防治	生态建设	节能/再生资源	其他
2010	130.06	720.24	620.39	879.25	101.04
2011	162.8	766.39	682.76	916	146.17
2012	181.24	820.68	691.43	1137.32	142.53
2013	209.81	904.79	747.71	1301.05	271.72
2014	234.45	1084.54	827.76	1306.89	361.86

数据来源：根据《中国财政年鉴》（2010～2015）相关数据整理而来。

注：环境保护管理支出包括环境保护管理事务、环境监测与监察等项目；生态建设包括自然生态保护、天然林保护、退耕还林、风沙荒漠治理、退牧还草等项目；节能/再生资源包括能源节约利用、污染减排、可再生能源、资源综合利用、能源管理事务等项目。

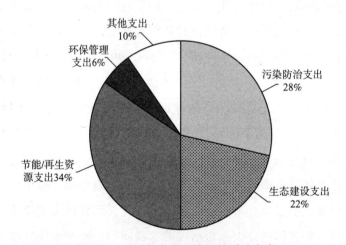

图 3.5　2014 年全国环境保护财政支出

数据来源：由中国财政年鉴（2015）相关数据整理而来。

2. 环保相关法律、法规的颁布

2009 年，我国通过了《循环经济法》，并将废旧物质回收与加工业列为十大战略性新兴产业；2012 年，我国通过"美丽中国"建设方案；党的十八大报告提出"加强生态文明制度建设"；党的十八届三中全会提出了要不断加强和深化生态环境保护管理体制改革，强化环境监管和保护、激发市场对推进环境保护的正能量、严格依法保护生态环境。目前，我国颁布相关法律 30 余部，行政法规 90 余部，行政规章多部，并于 2014 年 4 月 24 日修订通过了《中华人民共和国环境保护法》，规定保护环境是国家的基本国策，坚持保护优先、预防为主、综合治理、公众参与、污染者担责的原则；强调政府监督管理责任，完善跨行政区污染防治制度，明确规定环境公益诉讼制度等。

国家虽然对环境保护问题重视程度不断提高，但是长期粗放型的发展模式，固化了许多经济与环境之间的矛盾，状态锁定与路径依赖，造成我国经济结构的转型和环境污染治理问题深层次矛盾难以在短期内有根本改善。20 世纪 90 年代中后期，淮河流域的"五小企业"星罗棋布于沿淮地区，造成的污染问题至今仍触目惊心；工业化与高污染结伴而行，地方政府在重视 GDP 的考核体系下，任何污染环境的做法都被披上了"发展经济"的外衣毫无阻碍地通行。进入 21 世纪以来，我国固体废弃物污染问题日益严峻，全国超过 2/3 的城市被生活垃圾包围，城市污染有向农村蔓延的趋势；水污染状况令人担忧，跨界污染现象比比皆是，近年来我国北方大面积出现的雾霾问题，机动车尾气排放问题，室内建材污染问题也正加重着我国环境的负荷。近年来，"百年一遇"的自然灾害高频率的出现，就是人们长期忽视环境保护而大自然向人类发出的黄色警报。我国环境污染问题早已经成为制约我国社会经济发展的重大问题，到了非下大气力治理不可的地步。

第三节　我国财政体制下的地方环境污染治理存在的问题

近年来，我国加大了对环境污染的治理，形成了以经济、法律与行政手段综合运用的环境管理体制，但是环境治理效果仍不能满足社会经济发展的需要，与人民对环境质量的要求之间也存在着很大差距。结合财政分权体制，我国环境治理存在着以下三个方面的问题。

一、环境污染治理资金投入不足

1. 环境污染治理资金投入占 GDP 比重偏小

从我国目前的环保投资资金来源看，主要来自于中央本级支出、中央转移支付、地方本级支出以及社会资本，环保财政支出占环保投资总额的比例较小。并且，地方本级财政环保支出明显高于中央本级财政环保支出，而由于地方本级收入有限，导致环保财政支出严重不足。从 2005 年以来，我国污染治理总额不断上升，但污染治理投资占 GDP 的比例总体偏小，与从根本上改善我国环境质量的目标还有不小的差距。

从表 3.2 可以看出，污染治理投资增长速度缓慢，并且占 GDP 的比重较低，在 1.2% ~ 1.7%。国外发达国家环境治理经验显示：一个国家的污染治理投入占据其 GDP 的 2% ~ 3% 时才能达到改善一国的环境质量的目标，而且我国污染治理投资主要用于城市环境基础设施投资、工业污染源治理投资和建设项目"三同时"投资，其中城市环境基础设施投资和建设项目"三同时"所占比例较大，而老工业污染源所占比重很小；以2014年为例，占污染治理投资总额的比例分别为57.06%、10.42%和32.52%。另外，污染治理设施运行费用增速远远高于污染治理投资增速，导致环保投资无法有效应对主要污染物减排要求，环保治理效果达不到要求。

表3.2　　　　　　　　全国环境污染治理投资情况

年份	污染治理投资总额（亿元）	城市环境基础设施建设投资（亿元）	工业污染源治理投资（亿元）	建设项目"三同时"环保投资（亿元）	GDP（亿元）	占当年GDP比例（%）
2005	2388.0	1289.7	458.2	640.1	184937.4	1.29
2010	6654.2	4224.2	397.0	2033.0	401512.8	1.66
2011	6025.8	3469.4	444.4	2112.0	473104.1	1.27
2012	8253.6	5062.7	500.5	2690.4	519470.1	1.59
2013	9516.5	5223.0	849.7	3443.8	568845.2	1.67
2014	9575.5	5463.9	997.7	3113.9	636463.0	1.50

数据来源：中国统计年鉴［Z］.北京：中国统计出版社，2015.

2. 环境保护财政支出规模小

2007年，环境保护支出正式纳入财政预算支出科目，更名为节能环保支出，包括中央与地方的环保投资、能源节约、生态建设以及其他环保支出①。2007年开始，环境保护财政支出呈逐

---

① 在本书中环境保护支出与节能环保支出视为同一概念。

年增长趋势，但总体规模偏小。

表 3.3 显示，我国环保支出呈现出整体规模较小，增长速度缓慢的特征。地方政府环境保护支出从 2007 年的 961.24 亿元增长到 2014 年的 3470.90 亿元，年均增长速度为 20.13%，中央环境保护支出从 2007 年的 782.11 亿元增加到 2014 年的 2033.03 亿元，年均增长速度为 14.62%；中央及政府环保支出虽然每年都在增长，但是增长速度过慢。

表 3.3　　　　　　　　环境保护支出及环保支出规模

年份	中央环保财政支出（亿元）	地方环保财政支出（亿元）	中央环保支出占中央财政支出比重（%）	地方环保支出占地方财政支出的比重（%）	环保财政支出占国家财政支出的比重（%）
2007	782.11	961.24	2.64	2.51	1.47
2008	1027.51	1385.15	2.90	2.81	1.71
2009	1151.81	1896.13	2.63	3.11	1.84
2010	1443.10	2372.50	2.99	3.21	2.00
2011	1623.00	2566.79	2.88	2.77	1.77
2012	1998.42	2899.81	3.12	2.71	1.73
2013	1803.93	3334.89	2.63	2.79	1.82
2014	2033.03	3470.90	2.74	2.69	1.88

数据来源：根据中国财政年鉴（2007~2014）相关数据整理而来。

注：所用数据均为财政决算数据，中央财政支出包括中央本级支出以及中央向地方的转移支付，国家财政环保支出是中央本级环保支出与地方本级环保支出的总和。

自 2007 年，全国环保财政支出占国家财政支出的比例呈增长趋势，但是所占比重非常小。从中央本级环保支出占中央财政支出比例和地方环保支出占地方财政支出比例来看，总的差距不

大，发展较平稳，但是所占比重均较小，在 2% ~ 4%。其中，
地方环保支出占地方环保支出的比例在 2008 ~ 2010 年明显高于
与中央环保财政支出的比例，2010 年达到最高点 3.21%，之后
急剧下降，从 3.21% 下降到 2.77%，随后呈平稳趋势。中央财
政环保支出占中央财政支出比例从 2009 年开始呈增长趋势，从
2009 年的 2.63% 增长到 2012 年的 3.12%，随后有所下降，2013
年和 2014 年呈平稳状态。

3. 地方政府获取环境保护转移支付趋于减少

财政转移支付是政府间通过一定形式单方面无偿转移财政资
金的活动，是解决财政失衡、缩小区域差距、体现各级政府财政
能力及公共服务能力的一种非市场性分配方式。财政转移支付主
要包括一般转移支付和专项转移支付两部分，一般转移支付是指
中央对地方的财政资金拨付，中央不规定资金使用用途，地方可
自主安排，目的是缩小地方各级政府的财政收支差距，均衡同级
政府的不同地区的财力水平。专项转移支付是中央对地方政府指
定用途的拨款，目的在于实现上级政府的特定的政策目标和对被
委托政府进行的资金补偿。

环境保护财政转移支付是解决地区环保失衡，实现环境治理
的重要途径。目前，我国的环境污染治理财政转移支付主要来自
于专项转移支付。环境专项转移支付是中央政府对地方政府环境
污染治理的专项补助，并且实行专款专用，主要用于地方政府环
境保护基础设施建设、自然资源保护、节能减排等项目。然而，
从 2012 年开始，地方政府获取的环保专项转移支付规模呈下降
趋势。从中央对地方政府环境保护专项转移支付可以看出，从
2007 ~ 2012 年呈现出持续增长的态势，2012 年在原来的项目支

出基础上，增加了节能减排和促进循环经济发展项目投入，包括
实施节能家电补贴等政策。因此，2012 年环保专项转移支付达
到了自 2007 年以来最大幅度的增长；到了 2013 年，由于家电补
贴政策到期，相应的能源节约利用（款）、再生资源款均有所减
少，再加上基本建设支出的减少，使得 2013 年环保专项转移支
付出现了自 2007 年来的首次下降，从 2012 年的 1934.77 亿元下
降到 1703.67 亿元（见表 3.4）。

表 3.4　　　　　2010～2013 年环境保护专项转移支付　　　单位：亿元

类别	2010 年	2011 年	2012 年	2013 年
环境监测与监察	6.41	4.76	0	0
污染防治	263.93	286.16	298.37	314.84
自然生态保护	36.54	49.28	61.97	83.03
天然林保护	58.39	138.35	138.14	138.02
退耕还林	337.65	297.79	280.33	277.48
风沙荒漠治理	27	33	35	37.68
退牧还草	33.15	19.74	19.74	19.72
能源节约利用（款）	281.7	358.38	594.2	447.04
污染减排	184.59	185.28	261.07	169.9
可再生能源（款）	100.81	115.65	163.55	133.71
资源综合利用（款）	42.54	58.41	82.15	82.25
其他节能环保支出（款）	0.91	2.04	0.25	0
总计	1373.62	1548.84	1934.77	1703.67

数据来源：财政部官网：http://www.mof.gov.cn/zhengwuxinxi/caizhengshuju/.

2014 年环保专项转移支付项目更加细化，用途更加明确，
同时，由于 2014 年调整转移支付结构（加大一般转移支付比例，

减少专项转移支付项目）的政策指导下，2014年环保专项转移支付中节能推广补贴资金有所减少，支出总量相比2013年有略微下降。

从图3.6中也可以看出，中央对地方的环保专项转移支付占地方本级环保支出的比例呈现出下降趋势，从2007年所占比例77％下降到了2014年的48％，这说明，地方政府环境治理的资金来源由中央政府的转移支付逐渐过渡到地方财政收入。因此，地方政府在环境治理方面承担着较大的支出责任和财政压力。

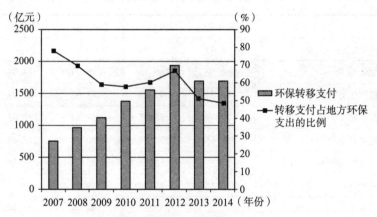

图3.6　2007～2014年全国环保专项转移支付

数据来源：由中国财政年鉴（2008～2015）相关数据整理而来。

二、地方政府污染治理的地区异质化

环境具有统一性特征，生态也是一个完备的系统，只有各地区统一协调行动才实现治理环境的根本目标。从我国行政区划单位（大陆）在环境保护方面的财政支出来看，呈现出地区的异质性的问题。

我国大陆31个省（自治区、直辖市）的环境保护财政支出从2007~2014年呈现出持续上涨的趋势，但是不同省份的环境保护支出体现出较大的差异性。其中，广东省的环保支出呈持续增长趋势，2010年支出增长速度迅速加快，从2009年的100.8亿元增长到239.16亿元，增长了2.37倍，从2010年至今持续占据各地区支出第一；西藏自治区最低，2014年环境保护支出为29.23，仅为广东省的11.28%（见表3.5）。当然这和地方经济发展水平以及环境污染程度有关系，但是表3.5中的数据显示各地区的环保支出水平和经济发展水平（中部、东部、西部）并不完全呈正比关系。

表3.5　　　　　2007~2014年各地区环境保护财政支出　　　单位：亿元

地区	2007年	2008年	2009年	2010年	2011年	2012年	2013年	2014年
北京	29.58	35.47	54.05	60.85	94.51	113.54	138.17	213.36
天津	5.91	10.98	13.36	27.1	32.24	38.49	48.44	57.93
河北	42.01	76.36	104.2	115.16	105.48	127.93	171.86	193.43
山西	44.97	64.29	70.61	82.37	82.18	88.17	98.16	95.26
内蒙古	61.73	79.68	97.9	107.99	117.55	131.59	132.11	142.75
辽宁	30.73	48.18	55.71	77.44	74.2	93.27	108.59	106.10
吉林	30.45	45.61	49.48	71.54	102.42	113.85	126.83	140.30
黑龙江	44.34	48.51	59.07	89	92.27	104.86	115.75	111.57
上海市	20.04	25.08	33.96	47.31	51.62	55.18	56.43	77.32
江苏	48.31	95.18	147.6	139.84	170.37	193.83	229.18	237.78
浙江	31.38	46.52	55.42	82.07	78.11	77.70	98.14	120.65
安徽	24.94	54.74	59.27	64.72	81.96	95.52	108.42	104.76
福建	9.70	14.03	33.83	39.79	37.95	48.60	58.60	61.80
江西	13.88	31.84	43.14	49.14	43.76	66.91	74.17	68.13

地区	2007 年	2008 年	2009 年	2010 年	2011 年	2012 年	2013 年	2014 年
山东	29.17	58.60	76.17	112.933	113.95	154.42	212.81	166.67
河南	60.92	75.85	92.98	96.38	95.6	109.45	111.92	119.95
湖北	28.05	40.92	74.15	96.31	101.11	95.63	109.72	103.78
湖南	29.84	41.71	73.63	90.82	85.26	109.43	128.67	137.49
广东	26.71	47.09	100.8	239.16	232.62	235.44	307.78	259.04
广西	13.55	27.97	49.92	63.99	53.9	60.01	64.23	84.00
海南	5.32	6.81	18.51	14.89	23.97	21.23	23.18	23.28
重庆	38.62	52.93	50.05	69.01	100.81	128.69	114.55	105.51
四川	71.16	79.15	114.47	112.99	115.8	135.94	159.95	168.69
贵州	27.23	40.44	55.31	54.32	55.45	65.73	66.44	85.34
云南	31.38	58.46	82.16	41.33	95.86	101.12	105.29	108.88
西藏	4.77	5.71	9.75	11.77	16.05	23.67	17.21	29.23
陕西	48.75	58.72	79.5	82.88	96.13	94.14	109.77	112.51
甘肃	32.03	46.85	53.15	68.31	84.99	72.00	69.82	73.21
青海	18.98	19.55	28.98	36.15	41.76	43.99	66.78	56.73
宁夏	12.76	17.51	22.59	30.79	35.23	35.37	32.93	34.60
新疆	22.62	30.47	36.42	51.02	53.67	64.12	68.99	70.86

数据来源：中国统计年鉴（2008～2015）[Z]. 北京：中国环境年鉴出版社.

　　地方政府污染治理异质性除了表现为各地区污染治理支出规模异质性外，还体现在以下三个方面：第一，中央政府的环保转移支付。地方环保支出中很大一部分来自于中央政府的环保转移支付，中央政府根据地方的生态建设、环境污染治理等现状对地方政府进行有差别的转移支付，在此过程中地方政府在为获取中央转移支付中存在着策略式行为，导致中央政府对地方政府的转移支付存在着异质化现象。第二，地方政府发展经济的压力。绩效考核体制下，主要任务是发展地方经济，地方政府通过各种途径吸引资金流入，导致污染严重，环境恶化。因此，将出现环境恶化与经济发展的矛盾体，在财政资金紧缺的情况下，必然会选择减少环保资金支出。第三，地方政府间的环保博弈（合作与不合作）。在财政分权体制下，地方政府在发展经济和环境保护中进行权衡，如今中国存在着污染由经济发达地区向欠发达地区转移的趋势。在经济发达地区，经济发展压力相对较小，但是普遍面临着较大的环保压力，此时一部分地方政府将采取污染转移的方式，缓解当地环境污染现状；而中部或者西部地区面临着经济发展的紧迫任务，不惜牺牲环境恶化的代价以引进资金流入，最终进入先污染再治理的被动局面。

三、地方政府税费体系不完善

当前，我国现行的和环境保护相关的税种包括资源税、消费税、车辆购置税、车船税、城镇土地使用税、增值税、企业所得税等，虽然这些税种对节能减排、环境治理起着一定的作用。但是，我国的环境税制中缺少以保护环境为目的的专门税种，且大部分税种的税目、税基和税率较少的体现环境保护的功能；另外环境收费也存在着征收标准过低、结构设置不合理等问题。

（1）从税收目的来看，现行的与环保相关税收的直接目的均不关乎环境保护。其中，资源税被看成一种调节级差收入的手段，其征收目的在于调节资源极差收入，而较少的考虑到其节能减排的功能；消费税的征收目的在于平衡税负水平，增加财政收入，其中通过征收消费税调节消费行为和消费结构，一定程度上有利于促进绿色工业的发展和绿色消费，有利于减少污染，促进环境保护;车辆购置税目的在于应对车辆的过度增加,但是其通过排量等方式作为应税依据,征收购置税对引导绿色消费、节能减排起到一定的作用;城镇土地使用税目的在于调节土地级差收入,对环境保护功能没有涉及。

(2)从税收的征税范围来看,资源税和消费税征收范围较窄。当前我国资源税只设置了原油、天然气、矿产资源、盐等七个大税目,不包括水资源、土地资源等项目,不利于约束破坏非税资源的行为、不利于资源节约和环境保护。另外,我国现行的消费税课征范围包括烟酒、小汽车等 15 类产品,新增了电池、一次性筷子等税目,逐步体现出其节能环保功能,但是还有较多易带来环境污染的产品未纳入征税范围,并且征税范围等调整缓慢,达不到强化消费者环保理念、鼓励绿色消费的目的。

(3)从税收优惠措施来看,形式单一。现行税收优惠政策中大多表现为直接免税、税务部门即征即退、财政部门先征后退等直接的税收减免和事后鼓励方式,加速折旧、再投资退税、延期纳税等间接优惠政策几乎没有;税收减免法律层级较低,较多税收优惠不具有长期性,优惠措施杂乱,针对性和灵活性不足,实施效果不明显。比如:企业所得税减免政策中涉及到的节能节水项目和能源管理项目,只享受建成前六年的免税和减税优惠;在增值税减免税体系中,同是资源综合利用,却适用较大差异的政策,鼓励利用废弃物的目的并未达到。

(4)从我国当前环境费征收来看,难以达到治理环境的目的。环境费用一般包括污染损害费用、环境防护费用、环保业务经费以及污染治理经费。在我国环境费属于行政规费,包括资源费、排污费等,以排污费作为研究的重点。1978 年,中国在《环境保护工作汇报要点》中,首次提出建立污染物排放收费制度，目的在于促使排污者加强经营管理，合理利用资源，主动参与污染治理，改善环境。1981 年底，全国 22 个省（自治区、直辖市）发布了《征收排污费试行办法》；1982 年 2 月，国务院发布了《征收排污费暂行办法》，这标志着中国正式建立排污收费制度。早期的排污收费制度在排污费征收、使用时问题逐渐凸显，为了进一步完善我国排污费制度，2002 年国务院通过了《排污费征收使用管理条例》（以下简称《条例》），对排污费的缴费范围、排污费征收标准、核算方法及排污费使用等做了重大调整，《条例》规定缴纳排污费对象为直接向环境排放污染物的单位和个体工商户，缴费范围主要包括四大类：污水类排污费、噪声类排污费、固体物废气类及危险废物类排污费。随着新《条例》的施行，2007～2014 年的统计年鉴数据显示，污染物排放总量呈现持续增加的趋势，环境问题仍然比较突出，一定程度上说明了排污费的征收并没有达到污染物总量减排目的。因此，针对以上问题，2014 年 9 月国家发展改革委员会、财政部和环境保护部联合印发《关于调整排污费征收标准等有关问题的通知》，要求各省（区、市）结合实际，调整污水、废气主要污染物排污费征收标准，实行差别化排污收费政策，提高企业污染治理的积极性，提高环境质量。

☆排污费缴纳单位数呈现逐渐减少趋势，排污费增长率总体不高。

自 2003 年《条例》实施以后，排污费缴纳排污费单位数量和年排污费收入总额都发生了较大变化。表 3.6 显示，排污费收入从总量上来看，呈现出持续增长趋势，这进一步说明了环保部门提高了污染费征收标准，加强了对排污费征收的监管力度，少缴、欠缴情况有所缓解。但是从增长率来看，排污费增长率总体不高，排污费主要用于污染防治，在当前污染排放总量居高不下的情形看，势必影响污染治理投资总量，影响污染治理成效。另外，排污费缴纳单位数呈现逐渐减少趋势，其中 2006 年是一个重要的转折点，排污费缴纳单位急剧下降，增长率进入负增长阶段，这说明了《条例》取得了一定的成效，再加上国家加大了节能环保领域的投入、加强了对环境污染行为的监管，促进产业结构优化升级，污染企业数量下降。

表 3.6　　　　　2003～2013 年全国排污费征收情况

年度	缴纳排污费单位		排污费收入	
	万户	增长率（%）	亿元	增长率（%）
2003	44.81	—	73.1	8.46
2004	73.36	63.72	94.19	8.84
2005	74.59	1.67	123.16	30.76
2006	64.66	-13.32	144.14	17.04
2007	58.18	-10.02	173.98	20.7
2008	49.65	-14.66	176.85	1.65
2009	44.64	-10.09	164.22	-7.14
2010	41.36	-7.35	188.19	14.6
2011	44.37	7.28	202.63	7.67
2012	36.46	-17.83	202.21	-0.21
2013	35.23	-3.37	204.81	1.29

数据来源：中国环境年鉴（2004～2014）[Z]. 北京：中国环境年鉴出版社.

☆排污费在征收及使用过程中所存在的问题。

从 2003 年至今，中国的排污费制度在排污费收入总量、污染治理方面取得了较明显的效果，但是在实践中仍存在一些问题：

①排污费缺乏强制性和规范性。一方面，排污收费作为一种行政规费，法律层级较低，缺乏法律效力和强制性。由于环保部门在征收手段、征收机制、征管能力上存在不足和缺陷，企业"违法成本低"，瞒报、谎报现象普遍。另外，地方政府基于地方保护主义和发展地方经济，常常放松管制，降低排污标准。另一方面，排污费征收缺乏有效的监督，存在着环保部门官员寻租空间，在利益的诱导下，排污费征收不足，资金使用随意，直接导致环保效果低下。

②排污费征收标准偏低。当前的排污费征收规范对排污费征收种类、标准进行了调整，改变了之前的只对超过国家或地方排放标准的排污单位征收超标排污费的规定，现行的排污费制度规定除了环境噪声污染行为，大气污染排放、水体污染排放、危险固体废弃物排放行为均按照国家或者地方规定的排放标准征收排污费，并对水体污染超标排放给与加倍征收。就排污费的征收标准和计算方法来看排污费征收标准有所提高，但总体较低。2014年，新《条例》对污染物的征收标准和征收方式进行了调整，按照排放污染物的种类和数量，实行总量收费，其中，污水排放收费标准由以前的0.7元/水污染当量提高到1.4元/污染当量，废气污染物排放收费标准由0.6元/大气污染当量提高到1.2元/污染当量。因此，我国排污费收入总量虽然逐年增加，但是增长速度缓慢。

③排污费征收范围较窄。我国现行排污费征收范围主要是针对生产行为征收排污费，包括废水、废气、噪声、危险固体类，但是，其他的污染行为比如居民生活污水、车辆的废气排放等流动污染源等并不涉及，这既会造成纳税不公，也不利于环保意识

的形成。

④排污费使用结构不合理，效率低下。根据排污费制度，我国排污费收入纳入地方财政预算，各省（自治区、直辖市）根据其自身状况对排污费进行安排。现今的排污费主要是用于污染治理和环保部门自身建设，排污费收入用于污染治理的比例较小，以 2009 年为例，全国工业污染治理当年投资来源总额为 446207 万元，其中排污费补助为 69515 万元，仅占全部投资来源的 1.57%，从中可以看出排污费对工业污染治理的贡献度极低，并没有发挥出其污染防治的作用，另外，在排污费使用过程中，可能出现占用、挪用排污资金等现象均会导致排污费资金利用率低下。

虽然我国的环境管理体制在不断的完善中，但是在财政分权体制背景下，地方政府承担着环境保护的主要支出责任，在当前地方政府财权与事权不相匹配的困境中，再加上政绩考核机制的不健全、环境管理协调机制不完善、环境管理的监督机制还未建立等原因，环境管理体制改革滞后于需求，环境污染治理效率偏低，环境污染态势仍然严重。

第四节　我国财政分权体制下环境问题的原因分析

一、政府间财政能力配置不平衡

我国实行分税制改革以来，政府间财政关系的基本原则经历了从"事权与财权相结合"到"财权与事权相匹配"，中共十八届三中全会指出要建立"政府间事权和支出责任相适应"的制度，但是本书认为，财政能力配置不平衡主要体现在政府间财权和事权的不匹配、政府间事权与支出责任的不匹配。

1. 政府间财权和事权的不匹配

财政分权体制下政府间事权责任的划分以及财力的配置不平衡方面。1994 年分税制改革后，政府间财力层层向上集中，事权层层向下转移，地方政府的财力难以承担事权责任要求，地方政府行为短期化现象普遍存在。地方政府承担了包括环保支出等更多的公共服务责任，但是财政收入并没有明显的增加，并且地方政府缺乏自主筹集收入的能力；从我国政府环境污染治理现状和问题可以看出，我国环保财政支出严重不足，同时地方政府环保税费体系不够健全、地方政府环保资金投融资能力严重不足、财税征管体制不够完善，这都导致地方政府缺乏财力保障。

2. 政府间事权与支出责任的不匹配

分税制改革对财权支出做了较为详细的描述，但是对政府间事权及支出责任仅仅做了大致划分，相对笼统，不够明确。具体表现在以下两个方面：第一，中央政府与地方政府间事权与支出责任的不匹配。一些本应由中央负责的事务交给了地方，如跨流域江河保护治理、跨地区污染防治等领域，目前，我国对于大气污染治理建立了联防联控机制，对于流域污染也建立了跨界治理，但是对于政府间的事权与支出责任的划分也并不清晰。另外，一些地方政府的事务，如农村环境治理等，中央却参与了较多管理。第二，省级及其以下的各级政府间的事权与支出责任的不匹配。省级及其以下的各级政府的职责几乎相同，导致政府间权力不清，事权收放随意性大，行政效率低下。

二、环保转移支付体系不够完善，结构不合理

当前我国的财政转移支付按照性质来划分，分为一般性转移支付和专项转移支付。一般性转移支付的目的在于增加地方政府财力，协调中央与地方政府间的财政关系；专项转移支付的目的在于贯彻落实中央的特定政策目标。

1. 环保转移支付体系不够完善

我国环保的财政转移支付主要来自于专项转移支付，目的在于促进节约资源、实现环境保护。2013 年，中央对地方节能环保专项转移支付占中央财政转移支付的 10.7%，较 2012 年有所增长，由于我国现行的专项转移支付制度立法层次较低，监督体系不完善，缺乏责任追究机制等原因，2014 年的《政府工作报告》指出，2014 年开始，将提高一般性转移支付比例，缩减专项转移支付项目，从数据来看，2014 年的环保财政专项转移支付由 2013 年的 1703.67 亿元下降到 1688.29 亿元，但是目前我国针对节能环保的转移支付主要来自专项转移支付，这就削弱了节能环保的财力保障。

2. 环保转移支付结构不合理

按照转移支付模式的方向划分，分为纵向转移支付和横向转移支付。目前，我国政府在节能环保领域，一直采用的是纵向转移支付模式，缺少政府间生态横向转移支付模式，省际间生态效

益或成本外溢所带来的外部性问题并不能得到根本性解决，不利于政府间合作和环境治理效率的提高。

三、地方政府环保绩效考核机制不健全

改革开放以来，经济建设成为我国的重中之重，经济业绩作为政府官员绩效考核的主要依据，然而，片面追求经济增长的经济发展模式带来的是生态环境破坏。为此，党的十六大在我国发展战略中，在中央对地方官员考核时涉及到了环保考核内容；国务院于2011年关于加强环境保护重点工作意见中提出，今后所有有关环境质量的指标都将纳入各级政府绩效考核，是各级政府领导干部的职务升降的重要指标，并严格实行环境保护行政问责制和一票否决制。随后，2013年建立了生态环境损害责任终身追究制，逐步建立起领导环境问责体系。但在实际执行中，部分地区仍然存在着环保考核不被重视，以经济业绩为考核依据情况。显然，地方政府环保绩效考核执行不力与政府绩效考核体系构建有密切关系。

1. 绩效考核指标设计不合理

当前，我国各地方政府官员考核体系将环保指标纳入地方政府官员考核体系；但是，从我国各地方政府规定的党政领导环保绩效考核指标内容来看，由于各地区的环境保护重点及要求不同，各地区考核指标设置具有区域性特征，指标设置太过笼统，以定性指标为主，缺乏明确的量化标准，给绩效考核增加难度，环境保护的目的难以达到。另外，考核指标的设计缺乏动态性。随着地方政府职能转变以及内外部环境的变化，地方政府的环保策略也应作相应的调整，但是较多地方政府的环保考核指标长期不变，不能体现环保绩效考核的提升环境质量的目的，也不能给地方官员行为带来约束和激励作用。此外，地方政府环保绩效考核指标在设置过程中过分强调环保本身，强调政府环保绩效，而忽略了环保绩效指标与经济社会、资源、环境的内在联系，并且较少体现其他环保参与主体的环保意见，容易出现闭门造车，实践意义不强等问题。

2. 绩效评估参与主体单一

目前，我国的政府绩效评估主体主要来自于上级主管部门的内部评估主体，外部评估主体参与较少，导致地方政府官员缺乏环境污染防治压力。原因在于：第一，我国政务公开制度不尽完善，外部评估主体获得政府活动信息困难。电子政务是政府绩效评估主体参与多元化的重要平台，虽然我国电子政务在框架搭建、运行模式等方面都在逐渐走向成熟，但是其业务流程设置还不够流畅，信息共享机制还不够完善，不能够较好的为实现政府绩效评估多元主体参与提供技术支持。第二，我国第三方评估组织虽然承担了一些政府绩效评估项目，但是第三方评估组织的人员、经费和运作方式等都很难独立于政府，其评估结果的客观性和真实性并不能得到保证。

此外，地方政府还存在着地方政府环境责任追究制度不完善等问题。目前的环境责任追究制度体现出轻视追究行政主体，重视追究企业等行政相对人的环境责任等问题，对于政府未尽职责而应当承担的责任则欠缺考虑，未能有效的约束地方政府官员环保行为，直接导致地方政府监管能力弱化。

四、地方政府环境跨界治理合作机制尚未建立

随着全球化和区域经济一体化进程的加快，大大地促进了地方政府间的交流和合作。环境资源、环境污染具有明显的跨区域特征，近些年，我国跨区域污染问题频频发生，京津冀地区雾霾污染、松花江流域水污染等等，需要跨区域地方政府环境事物的合作与交流。关于环境污染的跨界治理，我国已出台了包括《大气污染防治法》、《水污染防治法》、《太湖流域管理条例》、《泛珠三角区域跨界环境污染纠纷行政处理办法》等跨行政区的环境污染和纠纷事件协调的法律、法规及相关规范性文件；部分地区建立了环境联防联控机制，包括京津冀污染联防联控、长三角（沪苏浙皖）环境污染应急联动联盟等，有利于环境污染治理的综合协调和监管。但是目前我国污染跨界治理存在着环境保护执法本身以及联合执法不够等环保法律执行不力问题，这和地方政府环境污染治理执行行为有密切的关系。财政分权体制下，地方政府承担着发展地方经济和提供地方公共产品的双重压力，环境污染治理是地方政府重要职责之一，由于其区域性的特征，污染跨界治理成为我国解决环境问题的重要方向。

然而，环境一经破坏，恢复起来是一个漫长的过程，需要长期坚持不懈的努力。但是当前我国环境治理资金不足，税费政策体系不完善，各地区之间在环境治理中的行动不协调，跨界治理机制与框架没有完全形成等问题，使得我国环境治理只是"扬汤止沸"，没有做到"釜底抽薪"，环境治理达不到人们的预期，阻碍了社会经济的可持续发展。

财政分权体制赋予地方政府的财政收支自主权的同时带来了

区域发展差距、地方保护主义和不合理重复建设等问题，这些问题造成了政府间财政配置能力的不均衡，事权与财权不匹配，地方政府在环境治理上的积极性没能充分发挥；另外，由于地方政府官员环保责任的缺失和政府绩效考核评价体系的不完善，绩效考核的目的难以实现。地方政府负有环保责任，但是环境管理大多是由地方的环保部门执行，而地方环保部门的人事权和财权由地方政府掌握，其行为体现地方政府的意愿，独立性较弱，环保能力及效果均受影响。

当前我国对地方政府环保责任与义务区间界定缺失，监管能力弱化，政府环境污染治理供给能力不足、环境监管能力的不强、环保责任追究机制不健全也促成了地方政府在环境治理上的"短期行为"；另外，地方政府环境跨界治理合作机制未建立，地方政府在环境污染治理中往往陷入"囚徒困境"，为了发展本地经济，而采取非合作博弈。因此，有必要对地方政府与中央政府、地方政府之间的在环境治理上的激励与约束机制展开研究，从而促进地方政府之间在环境污染治理上的合作。

第四章

财政分权下地方政府环境
污染治理的内在机理

　　在财政分权体制下，我国地方政府在环境污染治理领域存在着财政与事权不匹配，环保事权与支出责任的不适应；环保转移支付使用效率低下以及地方政府官员环保绩效考核落实不到位等问题，导致地方政府在环境污染治理中缺乏动力与压力，是造成我国环境污染问题无法得到根本解决的原因之一。因此，探求财政分权体制下地方政府与环境污染治理之间的传导与倒逼机制，实现激励与约束相容。一方面，推动财政分权体制改革，改变地方政府财政支出方向，使之能够将经济发展与环境污染理相结合，进而影响环境污染治理效果，产生传导机制。另一方面，污染治理成效在一定程度上对地方政府施以压力，促使其改变政绩观与经济发展观，从而调整财政支出方向，扩大在环境污染治理中的支出规模，促进财政分权体制改革，形成倒逼机制。将传导和倒逼机制相结合起来，有利于全面认识财政分权与地方政府环境污染治理之间的关系，以找到有效的环境污染治理路径。本章重点研究财政分权体制所带来的激励作用对政府行为变化的影响，分析各环保主体之间的利益博弈，包括地方政府与中央政府的博弈、地方政府之间的博弈以及地方政府与企业之间的博弈①。

第一节　财政分权、地方政府行为及环境污染治理

一、财政分权下地方政府行为

环境污染治理具有明显的公共物品特征，财政分权对环境污染治理的影响不是直接的，而是通过影响政府行为而实现的，沿着我国财政体制变迁路径，可以清晰的看到我国地方政府环境污染治理行为的变化。在统收统支时期，中央政府具有绝对的调控地方政府的权力，而随着财政分权程度的变化，各级政府之间的相互制约能力也发生着变化，尤其是分税制改革后，地方政府拥有了一定的收入和支出权力，地方政府获得了促进地方经济增长的动力。同时，中央政府对地方政府的激励会带来地方政府之间的竞争，地方政府为了获取财政资源和政治晋升机会更加注重环境污染治理、社会保障投入以吸引要素流入。在环保目标的指引下，环境污染治理的成效能够影响官员的绩效考核，从而改变地方政府官员行为，推动财政体制改革②。

---

① 周厚丰. 环境保护的博弈［M］. 北京：中国环境科学出版社，2007.
② 贾俊雪. 中国财政分权、地方政府行为与经济增长［M］. 北京：人民大学出版社，2015.

二、地方政府行为对环境污染治理的影响

地方政府通过财政环保支出、生态转移支付、环保财政政策、政府间竞争等行为直接影响环境污染治理，带来环境质量的变化。

1. 地方政府的财政支出行为对环境污染治理影响

学者们大多沿着财政分权体制—政府激励—地方政府支出行为—环境污染治理的思路来展开研究的。就中国而言，中国的财政分权体制体现出"政治集权、经济分权"的特征（蔡昉等，2008），再加上长期以来的以 GDP 增长为中心的政绩考核方式使地方政府支出往往偏向于经济性支出，对环保支出等公共服务支出供给不足（傅勇、张晏，2007），进而对环境污染治理产生重要影响。部分学者通过实证研究发现，政府环境保护预算支出规模的增加将带来污染排放量的减少（潘孝珍，2013），并且政府环境保护财政支出预算结构的合理性与环境污染控制存在着正相关的关系（黄钰，2014）。

2. 政府间生态转移支付对环境污染治理的影响

所谓生态财政转移支付，是指生态环境财政预算资金在政府之间或者其他生态功能的提供者、受害者之间的转移。我国的纵向转移支付近些年虽然总量在增加，但是占地方环境污染治理投资的比例仍然较小，对环境污染治理贡献度不大，因此，有学者提出在目前的重点生态功能区建设不断完善的基础上，构建政府间生态补偿的横向转移机制，在生态关系密切的区域或流域，生态补偿财政资金从经济发达地区向欠发达地区转移，使生态服务

的外部效应内在化，确实解决以行政区划为依据确定财政转移支付数量而导致的转移支付效率低下和环境污染治理的低效问题。

3. 地方政府环保财政政策对环境污染治理的影响

财政政策具有显著的环境保护效应，优化环境保护财政支出政策将提高环境污染治理效率，同时，完善的政府环保财政政策体系能够促进环保投资的发展，对环保投资规模、环保投资结构、环保投资效率起着重要的调整和促进作用。

4. 地方政府竞争对环境质量的影响

国内外研究结果显示，经济生产类支出竞争对环境质量有着反向的抑制作用，而科、教、文、卫类的财政支出竞争则有利于改善环境。随着环境保护指标纳入政府绩效考核体系，各地区之间呈现出环境政策竞争，环境政策的竞争一定程度上促进了环境污染治理支出的增长。

三、地方政府环境污染治理所产生的促进作用

随着我国对环境污染治理的逐步重视，地方政府环境污染治理成效将对地方政府环保行为以及地方财政体制改革产生一定的作用。

1. 环境污染治理促进政府建立科学的政绩考核机制

改革开放以来，在粗放式经济发展方式导向下，环境问题日益凸显，已严重影响到人们的身心健康和经济社会的可持续发展。财政分权体制对地方政府追求经济增长的行为起着正面的激励作用，地方政府为了地方经济发展，以追求"GDP"的增长为

主要目标，注重经济增长而忽视环境保护，以致环境趋于恶化。我国政府已高度重视环境问题，2011 年 10 月《国务院关于加强环境保护重点工作的意见》提出，所有有关环境质量的指标都将纳入各级政府绩效考核，考核结果作为干部选拔任用、管理监督的重要依据，实行环境保护一票否决制。因此，地方政府环境污染治理成效有利于促进政府完善政绩考核体系，调整地方政府环保支出行为，促进经济增长与环境污染治理的协调统一，从而实现经济社会的可持续发展。

2. 环境污染治理促进地方政府财税政策调整

环境污染治理能够有效的调整地方政府财税政策及其执行行为，主要通过财政支出政策和税收政策实现，并对整个经济系统产生巨大的政策效应。

财税政策向环保领域倾斜有利于促进经济发展方式的转变、产业结构调整以及引导环保微观个体的经济行为。第一，充分发挥财政支出政策的乘数效应。通过财政投资性支出等政策提升传统产业、发展节能环保产业，通过财政优惠政策扶持节能环保产品的开发利用，设立大气污染、水污染、固体废弃物污染等科研专项支出，提高环保技术的开发和推广。第二，发挥税收政策的替代效应。利用财税手段实行严格的环保、能耗和技术标准，改造传统产业，推进环保产业的发展，促进产业结构优化升级。第三，综合运用各种财税手段，促进环境污染治理相关者的积极参与。通过征收排污费、税收优惠等财税手段积极引导企业改变其生产方式，鼓励技术创新，促进前端预防与后端治理相结合。财税政策的实施对于微观个体而言，可以通过产品价格的调整和环保宣传教育来引导消费，改变其消费行为，激发其环保动力。

3. 环境污染治理促进政府完善生态转移支付体系

财政分权下，中央政府的生态转移支付制度能够有效地提高环境污染治理水平。中央政府通过目标协调和制度设计以强化地方政府环保职能，改变地方经济长期以来的粗放型发展方式；中央政府还可以通过对地方政府进行有效地激励，提高地方政府环境污染治理的积极性与主动性。

然而，从我国污染治理现状来看，我国大部分地区环境污染治理缺乏成效，这与我国的专项转移支付偏向性较强、县及以下政府层级转移支付制度不完善等问题有着密切的关系。因此，完善生态转移支付体系是提高我国还污染治理的重要途径之一，环境污染治理成效对政府生态转移支付起着促进作用。首先，完善政府间一般性转移支付。从扩大一般性转移支付规模出发，促进转移性支付均等化，清整税收返还。其次，规范专项转移支付。随着专项转移支付比例的不断扩大，官员寻租行为随之增加，专款专用的目的未能达到。因此，必须对专项转移支付进行严格把关，清理整合，强化监管，提高专项环保资金的使用效益。

第二节　地方政府和中央政府的
环境污染治理博弈

一、地方政府和中央政府环境污染治理博弈的形成

在计划经济时期，中央政府集行政、经济及社会管理等权力

于一身，是政策的制定者，拥有对社会资源的分配权利；而地方政府处于服从地位，作为政策的执行者其一切权力来源于中央政府，对中央政府具有明显的依赖性，不具备与中央政府博弈的动机和条件。

改革开放以来，随着财政分权体制的进一步确立，中央政府把一定的决策权和经济自主发展权赋予地方政府，此时的地方政府既是中央政府实现宏观调控的代表者，还是发展地方经济的代理人，中央与地方政府间是一种委托—代理关系。由于中央与地方政府的利益目标的不一致，并且在理性人的驱使下，地方政府将在环境保护和发展地方经济的双重压力下，以政治晋升、经济利益为主要内容与中央政府展开利益博弈；也就是说中央政府与地方政府的行政性分权和经济性分权促使了中央和地方政府环境污染治理博弈的形成。

二、地方政府和中央政府环境污染治理的利益冲突

1. 中央政府与地方政府环境污染治理利益目标不一致

在环境污染治理中，中央政府和地方政府有着不同的利益目标和行为选择。中央政府从全局利益出发，改善全社会的环境问题，促进经济社会、资源、环境的协调发展，而在目前的财税体制中的地方政府其利益目标在于地方短期内的经济发展，在环境污染治理中将地方短期利益最大化作为行为准则。

2. 中央政府对地方政府环境污染治理的制度性约束

（1）地方政府政绩考评体系。当前我国中央政府主要是通过

对地方政府 GDP 进行排序以度量其政绩，对优秀者给予奖励，对落后者予以惩罚。虽然近几年部分地方政府将环保指标纳入了政绩考核体系，但是可行性不够，不具有普遍性。长期以来以固定资产投资、上缴税收以及外资引入等为评价指标，使得地方政府过度追求经济指标，滥用环境资源和消极污染防治。

（2）谁污染谁治理原则。生态环境以及环境治理具有投资大、见效慢和较强的外部性特征。因此，地方政府将由于环境破坏而带来的成本转嫁给其他地方政府或中央政府，被转嫁的地方政府将尽可能的规避责任，转嫁成本；而作为被转嫁的中央政府为了实现公共利益，面对污染问题只能积极面对和承担，这将导致社会成本的增加。

另外，环境污染治理的收益同样具有外溢性，相邻地区便会"搭便车"，导致污染治理地区陷入财政困境，整体环境质量下降。

3. 地方政府对中央环境保护政策的理解

随着财政分权体制改革的不断推进，中央政府与地方政府之间关系模式由"命令—控制"模式向"互动—妥协"模式转变①，地方政府拥有了更多与中央政府谈判的空间，在环境污染治理方面，地方政府利用自身优劣势与中央政府谈判以获得更多的财政补贴或优惠政策。正是由于中央政府与地方政府之间存在着污染治理的不完全信息问题，地方政府在获取中央政府相关支持的同时，将采取"不作为"或者消极政策执行等策略，包括放

---

① 余敏江. 生态治理中的中央与地方府际间协调：一个分析框架 [J]. 经济社会体制比较，2011（2）：148–156.

松污染企业监管，减少环保投入等异化行为。

因此，在环境污染治理过程中，要积极协调中央与地方政府之间的利益冲突，平衡中央与地方政府的利益关系，促进两者合作关系的形成。协调中央和地方政府利益冲突需要在合理划分中央与地方环境事权、财权的基础上，建立绿色政绩考核体系，充分考虑环境污染及污染防治的外溢性特征，建立横向生态转移支付制度和生态治理问责制度，进一步完善生态补偿体系。

三、地方政府和中央政府环境污染治理博弈模型构建

1. 理论假设

（1）中央政府与地方政府都是理性的经济人，力图实现自身收益最大化。中央政府从国家长远利益考虑通过制定环保政策、官员绩效考核体系以指导和约束地方政府环保行为、改善环境质量，有作为（监管）与不作为（不监管）两种可能。地方政府则在绩效考核以及地方经济发展中权衡，找到实现自身利益最大化的途径，有作为（治理）与不作为（不治理）两种可能。

（2）假定中央政府具有完全环境污染治理信息。中央政府能够完全掌握污染及污染治理情况，洞悉地方政府的环境治理行为，而地方政府也清楚中央政府对于环保执行的奖惩规范。

（3）中央政府具备完善的污染治理奖惩机制。中央政府通过建立激励约束机制激励和规范地方政府环保行为，并且惩罚大于奖励。然而事实上，地方政府将以发展地方经济等为由与中央政府展开讨价还价。

（4）假定中央政府的最大化收益为 R，R_1 为地方政府不治理环境污染时的中央政府的最大化收益（因地方政府不进行污染治理时，社会收益将下降，因此 $R_1 < R$），C_1 为中央政府监管成本，中央实施政府监管时地方政府的收益为 S；当中央政府不实施监管时，社会成本为 C_2，地方政府环境污染治理成本为 C_3，地方政府不作为时所支付的成本为 C_4；G_1 是中央政府对地方政府环境污染治理的奖励，G_2 为中央政府对地方政府环境污染问题不作为的惩罚。

由于中央政府与地方政府之间存在着组织地位不平等、信息的不对称、资源的不对等、执行能力不同等非均衡性关系，两者在污染治理过程中将产生目标分离、政策执行预期目标实现的不确定等利益冲突，由此，可得中央与地方收益决策树。

2. 构建决策树（见图4.1）

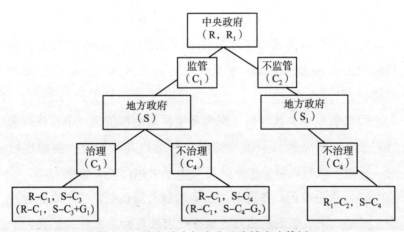

图4.1　地方政府与中央政府博弈决策树

3. 决策树分析

（1）在财政分权制下，中央政府仍然掌握着宏观调控的绝对权利，地方政府服从中央政府的领导同时具有一定的利益自主权。中央政府建立激励及约束机制促使地方政府行为及目标符合其预期。

（2）图 4.1 显示，中央政府有两种选择，监管和不监管，中央政府收益分别为（$R - C_1$，$R - C_2$）。在中央政府环保规制下，地方政府有两种选择，包括治理和不治理，当地方政府选择治理污染时，中央和地方的收益为（$R - C_1$，$S - C_3$），当地方政府选择不治理时，二者收益为（$R - C_1$，$S - C_4$），由于 $C_4 < C_3$，因此 $S - C_3 < S - C_4$，此时地方政府将选择不治理。当中央选择妥协、放松规制时，地方政府为了减少环保成本，实现利益最大化，同样也会选择不治理环境污染的策略。

（3）在奖惩机制健全并且严格实施的情况下，地方政府选择治理时，中央与地方政府的收益为（$R - C_1$，$S - C_3 + G_1$），当地方政府不作为时，两者的收益为（$R - C_1$，$S - C_4 - G_2$）。此时的地方政府选择作为与否关键在于 $C_3 - G_1$ 与 $C_4 + G_2$ 中谁数值较大的问题。但是实际上，二者的比较除了体现出来的与地方政府积极性有关外，还与地方政府环境污染治理动机有关。奖惩机制是中央政府建立的为了实现其宏观调控目的的激励和约束机制，当前在我国的分权体制下，地方政府的财权与事权存在着不平衡状态。

综上所述，在财政分权体制下，地方政府追求自身利益最大化，会有选择不治理或者消极污染治理的策略，必将带来社会成本的增加和环境的恶化。因此，通过加强中央政府与地方政府的利益整合，保持双方利益协调均衡；加强中央政府的监管，健全奖惩机制；完善地方官员政绩考核体系等途径，有利于规范地方政府环保行为，提高环境质量。

第三节 地方政府间的环境污染治理博弈

一、地方政府间环境污染治理博弈的形成

地方政府间博弈往往体现为地方政府间为了吸引资本而展开的横向竞争，当前我国的官员政绩考核仍然是以 GDP 为主要考核指标，中央政府会给予政绩好的地方政府较高的评价，该地方政府官员的升迁机会也随之提升。环境污染以及环境污染治理具有较强的外溢性，地方政府环境污染治理支出是一种非生产性支出，虽然当前较多地方政府环境保护指标列入其绩效考核体系，但是仍没有形成较强的约束力和激励机制，因此，在中央政府的宏观调控下，地方政府关于环境污染治理将采取不同的策略选择。地方政府除了本辖区环境污染治理以外还涉及到相邻辖区的治理，辖区共同治理已成为地方政府污染治理的重要内容。因此，将地方政府间博弈分为两种情况，一种是地方政府间就本辖区内的环境污染治理展开博弈，另一种则是地方政府跨界治理的博弈。

二、地方政府辖区内环境污染治理投资博弈

在财政分权体制下，地方政府承担本辖区的环境污染治理事

项。在"经济人"假设下，由于环境污染治理的外溢性，"搭便车"行为不可避免。

1. 模型的基本假定

假设地方政府政府 A 和地方政府 B 是同质的，并且投资是有限的，主要用于公共性投资（此处指环境污染治理）和生产性支出。任何一方的环境污染治理行为都会带来收益 R，并让对方受益，即产生正的外部效应；任何一方的生产性行为会让自身受益（R_1，$R_1 > R$），但是其所带来的污染排放将会让另一方受损（F），产生负的外部效应，此处的收益和受损不包括中央政府监管下的激励和处罚。因此，构建地方政府间环境污染治理投资纯策略博弈（见表 4.1）。

表 4.1　　　地方政府 A 与地方政府 B 博弈的收益矩阵

地方政府 B	地方政府 A	
	投资	不投资
投资	2R，2R	R − F，R_1
不投资	R_1，R − F	R_1 − F，R_1 − F

2. 模型构建及结果分析

从表 4.1 可以看出，如果地方政府 A、B 双方都投资于环境污染治理，那么他们的收益则为（2R，2R），在四组策略中是最优策略；当组合地方政府 A 选择将投资用于生产性支出，地方政府 B 选择污染治理投资时，此时两者收益为（R − F，R_1），反之亦然；当双方的预算均不用于污染治理时，收益为（R_1 − F，R_1 − F）。

因此，地方政府是否选择污染治理投资，关键在于 R_1 与 2R 的大小比较。在监管缺失或监管不力的情况下，当其生产性投资收益大于污染治理投资所带来的收益时，他会选择生产性投资。环境污染治理由其公共物品及外部性特征，其收益很难衡量，由此常常出现博弈双方的非合作，导致环境污染治理投资不足，环境趋于恶化。因此，完善地方政府污染治理效率评价体系，构建地方政府污染治理激励和保障机制，加快完善官员绩效考核体系，提高中央政府对地方政府环保支出力度，对促进地方政府间环保良性竞争、构建合作机制有积极的作用。

三、地方政府环境污染跨界治理博弈

随着全球化和区域经济一体化进程的加快，大大地促进了地方政府间的交流和合作。环境资源和环境污染问题具有明显的跨区域特征，近些年我国跨区域污染问题频频发生，京津冀区域雾霾污染、松花江流域水污染等环境问题严重，迫切需要地方政府跨界治理。关于环境污染的跨界治理，我国已出台了包括《大气污染防治法》、《水污染防治法》、《太湖流域管理条例》、《泛珠三角区域跨界环境污染纠纷行政处理办法》等跨行政区的环境污染和纠纷事件协调的法律、法规及相关规范性文件；部分地区建立了环境联防联控机制，包括京津冀污染联防联控、长三角（沪苏浙皖）环境污染应急联动联盟等，有利于环境污染治理的综合协调和监管。但是目前我国污染跨界治理存在着合作机制不健全、环境保护联合治理执行不力等问题，这和地方政府环境污染治理利益博弈行为有密切的关系。

地方政府跨区域合作是解决地方政府间环境污染治理博弈的

占优模式；地方政府跨区域合作有利于区域间的产业转移，实现资源整合，促进经济增长①。然而地方政府在跨界环境污染治理博弈中将会出现不同的策略组合（见表4.2）。

1. 基本假定

（1）参与博弈的地方政府是同质的，并且均追求自身利益最大化；

（2）地方政府均有财政和环境污染治理的压力；

（3）双方选择的策略为环境污染联合治理还是不联合治理（合作与不合作）；

（4）各自环境污染治理成本等于污染联合治理总成本 C，双方合作则各自分担成本 C/2；

（5）模型中的数字代表地方政府不同策略组合所带来的纯收益。

2. 收益矩阵及结果分析（见表4.2）

表4.2　　　地方政府 A 与地方政府 B 博弈的收益矩阵

地方政府 B	地方政府 A	
	合作	不合作
合作	G − C/2, G − C/2	G − C, G
不合作	G, G − C	G − C, G − C

地方政府 A 和地方政府 B 有四种决策组合，包括（合作，

---

① 孙华平，黄祖辉. 区域产业转移中的地方政府博弈 ［J］. 贵州财经大学学报，2008（3）：6 – 10.

合作）、（合作，不合作）、（不合作，合作）、（不合作，不合作）。各地方政府环境污染治理收益为 G，环境联合治理成本为 C（C > G），如地方政府双方选择联合治理，各分摊成本 C/2，各得收益 G，纯收益为（G − C/2，G − C/2）；如果两政府采取不合作策略各自分别支出成本 C，各得收益 G，此时纯收益为（G − C，G − C）；当地方政府 A 选择合作，而地方政府 B 选择不合作，此时地方政府 A 得到好处 G，纯收益为 G − C，而地方政府 B 也将得到好处 G，其纯收益为 G，反之亦然。

　　从表 4.2 矩阵中可以看出双方选择合作，则可获得最大纯收益（G − C/2，G − C/2），是四组策略组合中的最优组合。但是作为理性的双方将采取利益最大化的策略，由于环境污染治理的外部性，一方的策略将视对方策略而出，如果一方在环境污染治理中采取合作方式，另一方则会违背协议，产生"搭便车"行为，坐享其成，在不支出的情况下，直接分享收益 G；一方在洞悉对方策略后也将采取不合作方式，最终合作失败，迫于环境污染治理压力，各自治理，纯收益为（G − C，G − C）。

　　虽然地方政府 A 和地方政府 B 采取环境污染治理合作策略时，双方的纯收益可以达到最大。但一方选择治理策略时，总是会采用最小的支出、获取最大收益的策略，因此双方均将选择不合作，最终陷入"囚徒困境"，实施"以邻为壑"政策，此时整体收益最差，导致地方政府环境污染治理效率低下。当然，地方经济发展水平不同，政府从环境污染治理中所获取的经济收益有可能存在差异，如一吨废弃物的处理的市场价格差异，模型中主要关注地方政府从环境污染治理中取得的环境效益，对于经济收益的差异性并不涉及。

　　通过以上分析发现，地方政府间通过环境污染治理合作能获得最大的收益，但是这又是最不稳定的策略。因此，中央政府在地方政府污染治理博弈中扮演着非常重要的角色，中央政府应该强化制度约束，完善官员政绩考核制度，促进地方政府间良性竞争；地方政府间则应积极构建合作机制，实现地方政府间资源整合，提高地方政府环境污染治理效率。

第四节　地方政府与企业的环境污染治理博弈

一、地方政府与企业的环境污染治理博弈的形成

环境污染治理是地方政府的重要职能之一，而环境污染主体之一则是企业，作为理性人的企业追求自身利益最大化，往往不会主动参与环境污染治理。因此，地方政府主要通过征收排污费、发放污染治理补贴等方式鼓励企业参与环境污染治理并对企业排放实施规制，有利于促进产业结构调整和实现环境保护。征收排污费和发放污染治理补贴是两种不同的污染治理监管措施，而不同的监管措施将带来不同的策略选择和环保效果。因此，从两个方面来分析地方政府与企业的环境污染治理博弈，一是基于财政收入的地方政府污染治理博弈，二是基于财政补贴在排污企业、地方政府环境污染治理博弈。

二、基于财政收入的地方政府与企业环境污染治理博弈

在财政分权制下，地方政府官员既要执行中央政府的环境污

染治理政策，又要考虑地方政府的经济利益，地方政府的财政收益与企业上缴的税费关系紧密，为了各自的利益最大化，企业将和地方政府讨价还价，形成不同的策略组合。

1. 基本假定

假设：在正常排污达标情况下，地方政府收益为 G，企业的收益为 S；地方政府和企业的收益均依赖于企业的生产产量；在地方政府选择不监管时（达成放松监管的协议），企业可多获益 S_1，地方政府可多获益 G_1（地方官员获取的租金），但是将带来社会成本的增加 Z，$Z < G_1$。当地方政府选择监管时，监管成本为 C，地方政府污染治理成本为 C_1，对于不积极参与污染治理的企业做出相应的惩罚 F，$C > F$，以上所有的收益和成本均大于 0。在这些假设下，地方政府的博弈策略为：监管或不监管；企业的博弈策略为主动和不主动，假定地方政府和中央政府采用的都是纯策略。

2. 收入矩阵及结果分析（见表 4.3）

表 4.3　　　　地方政府与污染企业环保博弈的收入矩阵

企业	地方政府	
	监管	不监管
主动	$S - C_1$, $G - C$	$S + S_1 - C_1$, $G + G_1$
不主动	$S - F$, $G - C$	$S + S_1$, $G + G_1 - Z$

从 4.3 博弈矩阵可以看出：地方政府是否对环境污染治理进行监管，取决于 C 是否小于 $Z - G_1$，当 $Z > G_1$ 时，地方政府的监

管成本小于 $Z-G_1$ 时，地方政府才会选择监管策略，由于最初假定的 $Z<G_1$，因此地方政府将会选择不监督。同时，企业是否主动参与环境污染治理，取决于 C_1 是否大于 F，如果企业污染治理成本大于污染惩罚，将不会采取主动性策略。因此在此博弈中，最稳定的策略是不监管不主动策略。

因此，要加大中央政府对地方政府的监管力度、规范地方政府对污染企业的管制行为；地方政府要合理制定环保政策，构建企业主动参与污染治理的激励机制，提高企业参与污染治理的积极性。

三、基于财政补贴的地方政府与企业的环境污染治理博弈

在财政分权体制下，在地方经济发展的要求下，随着对环境问题的不断重视，学者们提出了通过加大财政补贴的方式，激励企业调整产业结构、提高生产技术水平，促进企业采取环境污染治理的互补性策略，实现污染排放内部化，减少污染排放。而事实上，针对地方政府的财政补贴手段，企业也会采取相应的策略行为，因此，构建基于财政补贴的地方政府与企业的污染治理博弈模型，探讨基于环保补贴的地方政府与企业间环保博弈的策略组合。

1992 年，Wolkoff 提出了不完全信息的地方政府与企业的竞争模型，该模型假定企业有潜在可移动和不可能移动两种类型，地方政府有区分和不能区分这两种企业的可能，地方政府通过发放经济发展补贴方式促进地区经济的发展。在 Wolkoff 竞争模型的基础上，构建地方政府与企业关于发放及获取财政环保补贴的竞争模型。在该模型中，将污染企业分为两种：一种是潜在的污

染企业（当前并没有污染行为，污染行为将来有可能发生）；另一种是污染企业。假定地方政府不能区别这两种企业，政府对污染企业的财政补贴规模取决于污染企业可能的污染程度，以及给予一个企业财政补贴的可能性，而污染企业则决定补贴申请的数量。

1. 模型的基本假设

该模型中地方政府与污染企业的策略行为存在以下两种可能：

第一，假定地方政府对企业污染情况拥有不完全信息，没有办法区分这两种企业，对于地方政府而言，占优策略则是对所有的污染企业都发放中等数量的财政补贴，这对于污染企业来说是次优策略，该企业将缺乏环保动力。

第二，假定地方政府有能力区分该两种企业，对企业的财政补贴将是有区别的，此时，污染企业就会提出增加环保财政补贴的要求，地方政府也就减少了部分潜在污染企业的环保补贴，这将降低潜在污染企业环保的积极性，导致环保效果低下。结果表明，对那些有潜在污染的企业减少补贴是不理性的，采用财政补贴方式并不能达到预期的目的，对环保效果的提高作用并不明显。

2. 结果分析

地方政府与污染企业博弈均衡结果表明地方政府通过财政环保补贴的方式在一定程度上有利于激发企业污染排放内部化的积极性，但是不管地方政府有效监管还是监管不力，财政补贴都不是一种有效的提高环保效率的方式。因此，地方政府在对污染企业监管过程中，第一要履行政府职能、完善环保政策、规范管制行为，第二要采用合理、有效的激励手段促进污染企业参与环境污染治理。

因此，财政分权与地方政府环境污染治理之间存在着传导和促进机制，财政分权通过财政支出机制、转移支付机制、产业结构调整等影响地方政府行为，而地方政府行为的变化直接影响地方政府污染治理的成效；地方政府污染治理又促使政府完善官员绩效评价体系、健全官员问责机制和促进地方财政体制改革。其中，地方政府行为是整个传导促进机制中的关键环节，分税制改革对中央、地方财权和事权做了调整，中央政府对地方政府实行宏观调控，主体利益得到强化的地方政府其行为必须体现中央政府的意愿，此时，各级政府间的博弈行为就产生了。包括中央政府与地方政府的博弈以及地方政府间的环保博弈行为；另外还有地方政府与企业之间的环保博弈行为，主要从地方政府财政收入的角度以及财政补贴角度探讨两者之间的博弈；此外，地方政府与公众在环境污染治理领域也存在着博弈行为。当前我国公众参与环境污染治理主要来自于政府引导，然而由于政府环保信息公开不及时、途径不通畅、宣传不到位、动员投入不够等原因，导致公众参与在环境污染治理中出现末端参与、环境素养不高、法治意识薄弱等问题。作为地方政府应该及时公开公共环境信息，引导绿色消费和绿色采购；通过环保宣传、社会道德规范引导公众为环境保护做出努力；作为公众，应加强生态理念，积极参与环保活动，为提高环境质量做出贡献。

第五章

财政分权对地方政府环境
污染治理影响的回归分析

  财政分权体制下，地方政府承担着主要的环境保护支出责任，而被赋予较小的税收收入权力，因此在较大的财政压力下，一方面，环境保护支出整体不足，环境治理能力不强；另一方面，地方政府为了发展地方经济，通过减税插入等措施吸引外来投资，导致地方政府收入降低，环保支出水平随之下降；另外地方政府以降低污染企业环境质量标准为代价减轻企业污染治理成本，直接导致环境质量下降。随着环境问题的日益凸显，中央及地方政府采取各种措施致力于环境治理，包括加大环保支出，提高环保投资技术水平，提高废弃物综合利用率水平。相关数据显示，近些年我国环境污染物的排放总体呈现着下降趋势，但是存在着明显的行业差异和地区差异。因此，有必要对财政分权下地方政府环境污染治理的影响因素进行回归分析。

第一节　数据来源及变量的选取

一、数据来源

结合研究的实际情况，由于 2007 年节能环保支出开始列入财政预算科目，并且缺乏 2010 年后的部分统计数据，充分考虑这些因素后，选取除西藏以外的中国大陆 30 个省（直辖市、自治区）2007～2010 年的数据进行实证分析。数据来源：中国统计年鉴、中国环境年鉴、中国财政年鉴。

二、变量的选取

本书主要从财政支出角度来探讨财政分权对环境污染治理的影响，因此，选取财政分权度指标（DCe）、地方环保支出（Lep）指标作为解释变量；选择地方政府环境污染治理指标作为被解释变量；城镇化水平（Urb）和产业结构（Str）作为控制变量，其中，环境污染治理指标以工业废气排放达标率（DBq）、工业废水排放达标率（DBs）和工业固体废弃物综合利用率（DBgf）为代表。

1. 被解释变量

环境污染治理指标。目前的研究对环境污染治理的度量主要采用两类指标：第一类是用污染物排放量的增加和减少来衡量政府环境污染治理效果的好坏；第二类是选择污染物处理达标量或者达标率来度量。大多数研究选择了第一种方法，即选择工业污染排放量作为环境污染治理的指标，笔者认为一个地区的环境污染物排放量并不能较好的代表环境污染治理水平，任何一个地区的经济发展水平、财政分权程度、财政支出水平、城镇化水平等因素都能影响政府行为，从而影响环境污染治理效果。关于工业污染排放，国家或地方根据地方经济发展和环境质量状况制订了相应标准，第二种方法中采取环境污染治理达标量或达标率作为衡量指标更能体现地方政府环境污染治理水平。因此，在权衡各省份的环境治理数据的完整性和模型构建的可行性的基础上，选择工业废气排放达标率、工业废水排放达标率以及工业固体废弃物综合利用率作为环境污染治理指标。改革开放以来，我国的工业化发展进入到了一个历史新阶段，从工业经济增长方式来看，仍然是以资源和能源消耗为主的粗放型增长方式，技术进步成分较弱，导致资源消费过度和污染排放的增加。因此，工业污染排放的处理是提高环境质量的重要途径之一。选择工业"三废"排放达标率作为统计指标，包括工业废气排放达标率（使用的是工业二氧化硫排放达标率数据）、工业废水排放达标率、工业固体废弃物综合利用率指标，通过工业污染排放达标率的变化以反映各地方政府环境治理力度和成效，即工业"三废"排放达标率高，就意味着地方政府环境治理效率提高，反之亦然。

2. 解释变量

（1）财政分权指标。财政分权的指标即财政分权度，也就是指财政分权的程度。Blanchard，Shleifer（2001）认为，地方政府的财政自主性是与财政分权度呈正比关系，较多学者也通过理论或实证研究表明财政分权度与环境污染程度相关（Sigman，2009；潘孝珍，2012；谭志雄、张阳阳，2015）。而关于财政分权度的衡量方法至今没有一致的定论。Oates（1985）提出财政分权程度可以用地方（下级）政府财政支出份额来衡量，即地方政府财政支出占国家财政支出的比例，把它认为是一种支出财政分权度衡量法。Stoilova，Patonov（2013）则认为自由收入的边际增量能够表达财政分权程度，但是不适用于收入增量变化不大和经济发展水平差别较大的地区。Gu（2012）认为当前没有任何一种单一的指标能够显示一个国家的财政分权程度，分析一国的财政支出和财政收入分权程度时应采用综合指标分析，并对其科学的权重分配和公正评估。我国对财政分权程度的实证研究文献大部分采用了支出比重财政分权法（财政分权度＝人均省级财政支出/人均总财政支出）作为衡量财政分权程度的指标（乔宝云等，2005；王文剑等，2007；王文剑、覃成林，2008），一部分学者在实证研究中分别用了支出比重法和收入比重法，结果发现，使用不同的衡量方法结果不同，甚至会出现结果相反的现象（郭庆旺、贾俊雪，2011）。因此，徐永胜，乔宝云（2012）通过对财政分权度的支出比重、收入比重和地方自治方法进行推导，提出在衡量中国式分权背景下的不同的经济活动的影响时，应谨慎采取合适的财政分权度的衡量方法。我国经济发展水平存在着较大的省际差异，同时地方政府除了支出能力（收入能力）因素以外，地方政府环保支出动机、投资效率与环境污染治理存在着相关关系。由于侧重于从财政支出角度探讨财政分权对地方环境污染治理的影响研究，因此，选取支出比重财政分权度衡量方法，财政分权度＝地方人均财政支出/全国人均财政支出。

（2）地方环保支出指标。财政分权下，地方政府环保行为受到中央政府的政治激励和财政激励的双重激励影响，选取地方政府环保支出指标，是为了考察地方政府环保支出行为对环境污染治理的影响。因此，采用地方政府环保支出绝对额作为环保支出规模指标，关注在财政分权体制下政府财政支出的变化及对环境质量的影响程度。

3. 控制变量

（1）城镇化水平。一个国家的城镇化水平会影响当地的污染物排放量以及污染治理水平，选取城市人口占地区总人口的比重作为城市化水平指标，构建城镇化水平指标旨在实证城镇人口的变化与环境污染的关系。

（2）产业结构。不同产业的污染物不同，对环境质量影响程度也就不同。我国处于工业发展的中后时期，工业产值逐年增长，但是目前而言，我国大部分地区的工业企业仍然采用的是高能耗、高排放、低产出的生产方式，这是导致环境质量下降的主要原因。因此，本研究的产业结构指标采用工业产值增加额占GDP 的比重来表示，研究工业产值的变化所引起的环境污染的变化程度以及环境污染治理成效。

第二节 变量统计分析

本节主要对研究变量进行描述性统计、相关性分析和变量的时间趋势分析。

一、变量的描述性统计

表 5.1 呈现了模型中主要变量的描述性统计结果，从表可以看出全国 30 个省（自治区、直辖市）在 2007～2010 年这 4 年间相关指标存在着差异。从分权程度看，平均分权度较高，达到了 98.94%，但是各地区体现出较大的分权度差异，最大的省份分权度为 327.4%，是最小分权度 51.4% 的 6.4 倍。从工业污染排放治理情况来看，工业废气排放达标率和工业废水排放达标率均值在 87% 以上，一定程度上说明了我国环境污染治理取得了较大成效；但是体现出来的省际间差异也非常显著，二者的最大值和最小值有着近一倍的差距，相对而言，工业固体废弃物综合利用率较低，均值为 67.95%，同时统计数据也呈现出其较大的省际差异。另外，环保财政支出、城镇化水平和产业结构指标的统计数据也显示出巨大的省际差异。

表 5.1　　　　　　　　变量的描述性统计

变量名	指标	单位	均值	标准差	最小值	最大值	样本量
工业废气排放达标率	DBq	%	87.79	12.57	51.2	100	120
工业废水排放达标率	DBs	%	89.77	11.24	50.3	100	120
工业固废综合利用率	DBgf	%	67.95	19.62	29.8	98.7	120
财政分权度	Dce	%	98.94	55.36	51.4	327.4	120
环保财政支出	Epl	亿元	54.31	34.03	5.3	239.2	120
城镇化水平	Urb	%	49.84	14.14	28.2	89.3	120
产业结构	Str	%	42.61	12.62	7.5	88.8	120

二、变量的相关性分析

从表 5.2 可以看出，解释变量以及控制变量间的相关系数绝对值都较小，除了财政分权度与城镇化水平之间的相关关系绝对值较大以外，其他数值均小于 0.5，这意味着各地区解释变量、控制变量之间均不存在多重共线性①。因此，将财政分权度（Dce）、财政环保支出（Epl）、城镇化水平（Urban）以及产业结构作为该模型的控制变量较为合理。

表 5.2　　　　　　　　变量相关性系数表

变量名	Dce	Epl	Urban	Str	DBq	DBs	DBgf
Dce	1	—	—	—	—	—	—
Epl	0.2121	1	—	—	—	—	—
Urban	0.7739	0.0447	1	—	—	—	—
Str	0.1934	0.0042	0.0407	1	—	—	—
DBq	0.0711	0.2734	0.3717	0.2069	1	—	—
DBs	0.0193	0.2002	0.3717	0.0209	0.6715	1	—
DBgf	0.1223	0.1015	0.5348	0.0035	0.5035	0.6417	1

为了更清晰的分析财政分权与环境污染治理指标之间的关系，以下通过散点图和拟合线来展示。

1. 财政分权度与工业废气排放达标率的关系

从财政分权度与工业废气污染排放达标率关系的散点图分布

---

① 张欣怡. 财政分权下的政府行为与环境污染研究 [D]. 北京：财政部财政科学研究所，2014 (6).

及拟合曲线（见图5.1）发现，财政分权度与工业废气污染排放达标率呈"U"型特征，工业废气排放达标率先是随着财政分权度的降低而降低，当财政分权度降到最低点后开始上升，此时工业废气排放达标率也随之上升。这说明，在财政集权体制下，地方政府承担较多的事权及较少的财权，事权与财权的严重不匹配，导致地方政府不具备环境污染治理的能力；而当财政分权度提高时，地方政府被赋予了一定的财权和支出责任，在环保绩效考核压力下，地方政府将致力于工业废气污染治理。

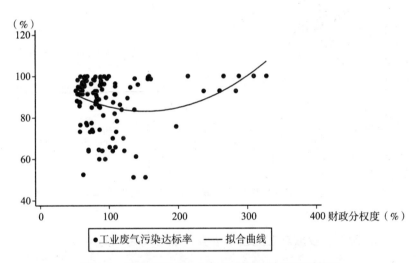

图5.1　财政分权度与工业废气排放达标率的关系

2. 财政分权度与工业废水排放达标率的关系

从工业废水污染排放达标率与财政分权的散点图分布及拟合曲线（见图5.2）可以发现，财政分权度与工业废气污染排放达标率呈"U"型特征，工业废水排放达标率先是随着财政分权度的降低而降低，当财政分权度降到某一个极限点后开始上升，此时工业废水排放达标率也随之上升。拟合曲线的变化趋势与财政体制的变迁所带来的环境治理效果是相吻合的。随着财政分权体制的变迁，中国政府开始重视环境污染问题，在强化地方政府环境污染治理责任的同时，通过加大环保支出及扩大专项转移支付规模等措施，提高地方政府工业废水治理能力。

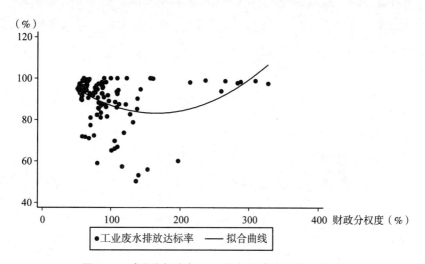

图 5.2　财政分权度与工业废水排放达标率的关系

3. 财政分权度与工业固体废弃物综合利用率的关系

从工业固体废弃物综合利用率与财政分权的散点图分布及拟合曲线（见图 5.3）发现，工业固体废弃物综合利用率随着财政分权度的提高而增加，这与政府加大环境污染治理投入有着密切的关系，通过加大环保投入，有利于提高绿色技术的应用和推广，实现节能减排。

结合图 5.1、图 5.2 和图 5.3 发现，财政分权度与工业污染治理效果呈现"U"型特征，这在一定程度说明了工业污染排放治理效果和财政分权体制是紧密相关的，随着财政分权体制的建立，地方政府拥有了一定的财政自主权，并且在环保绩效考核的约束下，环境治理能力提升，工业污染治理水平提高。

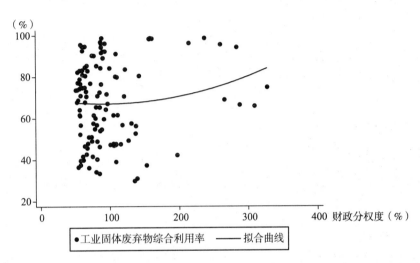

图5.3　财政分权度与工业固体废弃物综合利用率的关系

三、主要变量的时间趋势分析

1. 各地区财政分权度分析

图5.4显示，财政分权度超过1.0的地区有：北京（2.73）、天津（1.61）、上海（2.24），海南（1.20）、重庆（1.16）、西藏（2.92）、青海（1.80）、宁夏（1.27）、内蒙古自治区（1.37），按照中国统计年鉴常用的对中东西区域的划分，东部省份有4个，其他5个省份单位均来自西部。对东中西区域的省份的财政分权度进行均值计算，发现东部、西部均值为1.17，而中部

省份财政分权度均值则为 0.72，因此，我国的财政分权度不仅有着地区差异，而且存在着区域差异。从时间趋势图看，在 2007~2013 年大部分中部地区财政分权度变化平稳，东部地区的省份财政分权度呈下降趋势，而西部地区部分省份财政分权度呈现出上涨趋势，西藏、宁夏、新疆、青海等地区上涨趋势明显。从图 5.4 可以看出，2007~2013 年各省级单位财政分权度差异较大。

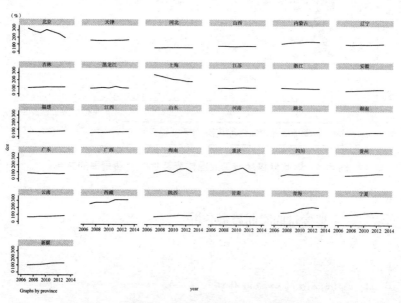

图 5.4　各地区财政分权度变化的时间趋势图

数据来源：《中国统计年鉴》，数据由 2007~2013 年相关数据统计而来。

注：dce 代表财政分权度，year 代表年份，Graphs by province 代表地区时间趋势图。

2. 各地区环保支出的时间趋势分析

图 5.5 显示全国各地区的环保财政支出均呈现出上涨趋势。从支出总量来看，东部地区高于中西部地区，2013 年东部地区

平均环保支出为 132.11 亿元，中部地区平均环保支出为 116 亿元，西部地区平均环保支出为 84 亿元。从环保支出增长速度来看，东部地区仍然高于中西部地区，区域内也存在着增长差异，北京、湖北、江苏、广东等地区环保支出增长速度较快，2013年广东省环保支出总量是 2007 年的 11.5 倍，西部大部分地区增长 3 倍左右。

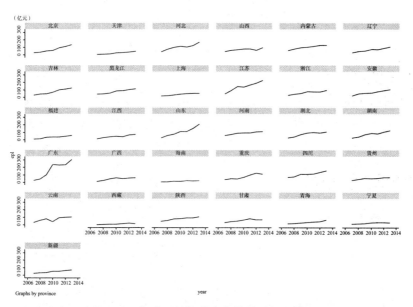

图 5.5 各地区环保支出变化的时间趋势图

数据来源：《中国统计年鉴》，数据由 2007～2013 年相关数据统计而来。

注：epl 代表环保支出，year 代表年份，Graphs by province 代表地区时间趋势图。

3. 财政分权与工业污染治理

（1）财政分权与工业废气治理。此处的工业废气治理指标采用的是工业废气排放达标率指标。

从图 5.6 的时间趋势图可以看出，一部分地区财政分权度与地方政府工业废气排放治理效率（此处指工业废气排放达标率）并不存在紧密的相关关系，表现突出的地区包括北京、海南、吉林等，北京的财政分权度在 2007～2013 年呈现出由高到低再到高的状态，而在这 7 年里北京市的工业废气排放治理达标率没有发生变化，均为 100%；上海市的财政分权度一直在降低，而工业废气排放达标率并没有受到影响。当然，也有一部分地区的财政分权度与工业废气治理达标率之间存在着趋同的变化趋势，比如天津、河北、福建、青海等。

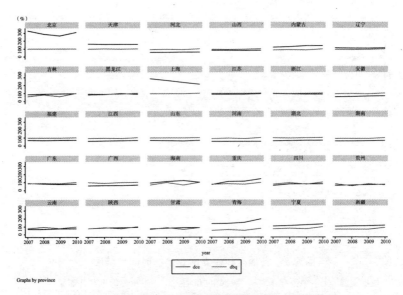

图 5.6　财政分权与工业废气排放达标率时间趋势图

数据来源：《中国统计年鉴》、《中国环境年鉴》，由 2007～2010 年相关数据统计而来。

注：dce 代表财政分权度，dbq 代表工业废气排放达标率，year 代表年份，Graphs by province 代表地区时间趋势图。

（2）财政分权与工业废水治理。此处的工业废气治理采用的是工业废水排放达标率指标。

从图 5.7 的时间趋势图可以看出，大部分地区财政分权度与地方政府工业废水排放达标率呈现趋同趋势；但是仍然有部分地区两者呈现出负相关关系，比如上海市的工业废水排放达标率随着财政分权度的降低而升高，而重庆市的工业废水排放达标率则随着财政分权度的升高而降低。

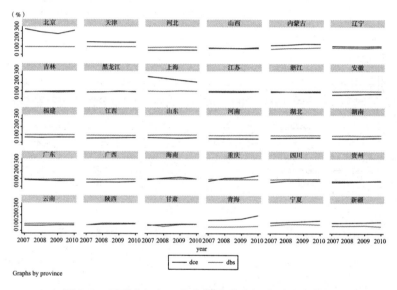

图 5.7　财政分权与工业废水排放达标率时间趋势图

数据来源：《中国统计年鉴》、《中国环境年鉴》，数据由 2007～2010 年相关数据统计而来。

注：dce 代表财政分权度，dbs 代表工业废水排放达标率，year 代表年份，Graphs by province 代表地区时间趋势图。

（3）财政分权与工业固体废弃物治理。此处的工业固体废弃物治理主要采用的是工业固体废弃物综合利用率指标。

从图 5.8 可知，较多地区的财政分权程度与固体废弃物综合利用率的变化趋势不一致，但是总体变化较一致。具体来看，内蒙古、辽宁、湖南、河南和云南等的变化趋势趋同；而其他地区包括北京、上海、青海等财政分权度与固体废弃物综合利用率变化趋势不一致，并且呈现越来越大的差异。

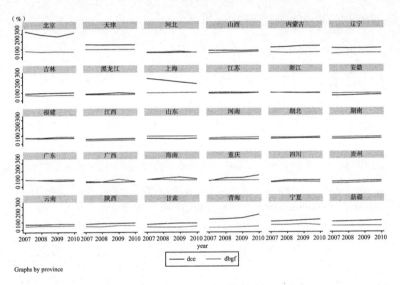

图 5.8　财政分权与工业固体废弃物综合利用率的时间趋势图

数据来源：《中国统计年鉴》、《中国环境年鉴》，数据由 2007～2010 年相关数据统计而来。

注：dce 代表财政分权度，dbgf 代表工业固体废弃物综合利用率，year 代表年份，Graphs by province 代表地区时间趋势图。

综合以上数据及图表，发现我国财政分权度、环境保护支出以及工业"三废"排放达标量均存在着区域差异，并且呈现出不同的变化趋势。那么各地区财政分权度对环境污染治理效果是否有影响。影响程度如何？因此，构建财政分权与环境治理变量关系的回归模型。

第三节 模型的选择与构建

一、模型的选择

本书使用 stata12 软件对变量进行回归分析。重点考察财政分权度和财政环保支出的环境污染治理效应。首先建立评估模型，并使用 Hausman 对评估模型 DBq 进行检验，检验结果发现：固定效应评估结果在显著水平的临界值外，因此选用随机效用模型。同样用 Hausman 对 DBs、DBgf 评估模型进行检验，均与 DBq 结果一致，选用随机效用回归模型，同时由于时间跨度短，所以可以不用考虑序列相关，截面相关，因此，选用随机效用回归模型是适合的。

二、模型构建

$$DB_i = \alpha_p + \beta_1 DCe_{p,t} + \beta_2 EPl_{p,t} + \beta_3 Urb_{p,t} + \beta_4 Str_{p,t} + \eta_{p,t} + \varepsilon_{p,t}$$

$$(5-1)$$

式 5−1 中，DB_i 表示工业"三废"排放量，α_p 为特定地区的截面效应，$\varepsilon_{p,t}$ 为随机扰动项，$\eta_{p,t}$ 表示不可观测的省份的特质，p 指省份，t 指年份。

在财政分权对地方政府环境污染治理影响的回归分析中，构建了三个模型：模型 1 主要考察财政分权对地方政府环境污染治理的影响程度；模型 2 着重考察财政分权下地方政府环保支出对环境污染治理的影响，验证地方政府是否存在着环境污染治理动机以及财政分权体制与地方政府环保支出行为的内在关系。模型3中加入了城镇化水平和产业结构等控制变量，以进一步分析环境污染治理的影响因素及影响程度。

针对随机效应可能出现的某些回归结果不显著情况，通过使用广义最小二乘估计方法（GLS）以修正因截面导致的异方差。

第四节　回归结果及分析

一、回归结果（见表5.3）

表5.3　　　　　地方政府污染治理影响因素回归结果

被解释变量	工业废气排放达标率			工业废水排放达标率			工业固废综合利用率		
	模型1	模型2	模型3	模型1	模型2	模型3	模型1	模型2	模型3
财政分权度	0.047	0.055 *	−0.057	0.032	0.03	−0.06 *	0.067 *	0.059 *	−0.07 *
	（−1.45）	（1.76）	（−1.41）	（−1.21）	（−1.18）	（−1.93）	（−1.85）	（−1.67）	（−1.71）
环保支出	—	0.11 ***	0.071 ***	—	0.048	0.027 *	—	0.06 ***	0.18
		（−3.75）	（3.37）		（−2.99）	（−1.66）		（−3.18）	（−0.91）
城镇水平	—	—	0.786 ***	—	—	0.56 ***	—	—	1.04 ***
			（4.8）			（3.76）			（−4.91）
产业结构	—	—	0.37	—	—	−0.19 **	—	—	−0.12
			（0.76）			（−2.2）			（−0.92）
_cons	83.2 ***	76.6 ***	54.1 ***	86.55 ***	84.12 ***	74.7 ***	61.2 ***	58.9 ***	26.59 ***
	（22.16）	（19.01）	（7.78）	（26.02）	（25.05）	（11.22）	（12.04）	（11.63）	（2.74）

注：* 分别表示相关系数通过 10% 显著性水平检验，** 通过 5% 显著性水平检验，*** 通过 1% 显著性水平检验，括号内的数字表示统计值。

二、回归结果分析

（1）各地区财政分权度与工业"三废"排放达标率在水平上具有一定的相关性。在模型1中，财政分权度与地方政府环境污染治理呈现出正相关关系，即财政分权度每增加1%，工业废气排放达标率则将提高0.047%，工业废水排放达标率提高0.032%，工业固废综合利用率将提高0.067%，效果微乎其微，也就是说财政分权体制所带来的激励机制并没有对地方政府环境污染治理带来积极的推动作用。但是在加入控制变量的模型3中，财政分权度与污染排放达标率呈反向关系，在一定程度上说明随着财政分权度的提高，工业污染排放达标率将下降，区域环境水平也就随之下降；当然，由此也可以看出财政分权并不是地方政府污染治理成效的直接影响因素，财政分权体制下，在政治激励和财政激励的双重激励下，地方政府支出行为会发生异化，导致环境污染治理水平的下降。

（2）以财政分权和地方环保支出作为解释变量的模型2中，显示变量与环境污染治理水平呈正相关关系，并且均通过1%检验。随着环保支出的增加，工业"三废"排放达标率也将提高，也就是说，我国通过完善转移支付体系、加大污染治理投资力度等途径增加环保支出能够有效提高污染治理效率，由此可以推断，地方政府环境污染治理需要财力保障，而财政分权下的财政激励将起到非常关键的作用。

（3）产业结构与工业废气污染排放达标率呈正相关关系，与工业废水排放达标率、工业固废综合利用率呈反向关系，本书采用的是工业增加值与总产值的比重得出产业结构指标，因此从实证结果可以看出，随着工业化进程的加快，环境污染排放日益加重，但是随着产业结构的调整和环保支出的增加在工业废气排放治理方面发挥了一定的作用。但是忽视了工业废水排放治理和工业固体废弃物的治理。从表 5.3 显示，工业增加值占总产出比重每提高 1%，工业废气排放达标率提高 0.37%、工业废气排放达标率下降 0.19%、工业固体废弃物综合利用产值下降 0.1%，总体影响程度均较低，这一定程度上反映了我国的工业生产仍然以粗放型生产方式为主，并没有摆脱先污染、后治理的怪圈。

（4）城镇化水平与环境污染治理水平呈显著正相关关系。随着工业化、城市化进程的加快，必然将导致资源环境消耗和污染物排放的增加，但是实证结果也表明了近些年将城市化进程与区域经济发展、产业结构调整结合起来，有利于减少工业排放、提高环境污染治理水平，改善环境质量。

综上所述：第一，财政分权在一定程度上影响着环境污染治理水平。结合我国工业化以及城市化发展，模型 3 能更好地反映财政分权下的环境污染治理效应。地方政府环境污染治理水平并不会随着财政分权度的增加而提高，这是由于财政分权体制并不能激发地方政府环保动机，也就是说财政分权一定程度上带来了地方政府行为的异化，从而影响了环境污染治理水平的提高。第二，在财政分权体制下，中国现行的生态转移支付政策及环境污染治理投资等环保支出政策具有较强的环境污染治理效应。今后我国应进一步完善财政环保转移支付，扩大政府绿色采购范围，倡导全社会绿色消费；加大污染治理资金投入，提高污染治理投资效率；加强财政环保支出资金监督，提高环保支出水平，实现环境治理目标。

第六章

中国环境污染治理投资效率分析

　　环境污染治理投资是解决环境污染问题的重要前提，而环境污染治理投资效率的高低则是提高我国环境质量、实现环境、经济、社会可持续发展的关键所在。当前，我国的环境污染治理投资面临着投资总额不足、投资结构不合理、地区投资差异较大、短视效应明显等问题，导致资源利用率低、环境污染治理效果不佳，环境质量下降。学者们对环境污染治理投资的投融资机制、渠道以及效率测算等方面做了大量研究，并且提出了相应的对策。但是，环境问题不仅仅是一个截面的问题，研究视角应该辐射到整个生命周期，例如工业污染治理，对环境污染预防措施治理和决策过程研究不应该只关注污染的产生阶段，而应该投射到工业产品所导致的环境质量变化的整个过程，这样才能避免带来决策上的失误或不理想。因此，通过构建 DEA—LCA 模型，将生命周期方法（LCA）和数据包络分析方法（DEA）相结合，通过对中国工业污染治理投资效率的测算，找到提高我国环境污染治理效率的影响因素，以期从体制、政策、技术等方面有针对性找到提高环保投资利用率、改善环境状况的路径。

由于长期以来的粗放型经济发展方式以及"污染转移"、污染治理技术进步缓慢等原因，中国各地区环境污染物排放总量居高不下、水资源匮乏、固体废弃物综合利用率较低等污染问题日益凸显。其中，工业主要污染物排放呈上涨趋势，2005~2013年，工业废水排放量由193亿吨增加到209.8亿吨，一般工业固体废弃物产生量由13.4亿吨增加到32.8亿吨，另外，工业二氧化硫排放量由2168万吨减少到1835万吨，略有下降。环境保护是政府的重要职能之一，政府负有主要的环保支出和监管责任，当前，党中央、国务院高度重视环境保护问题，着力于环境保护法律法规体系的建设、环境保护经济政策体系的建设以及加强的政府环保财政支出的监督和管理。其中环境治理投资是治理环境污染的关键一环，国家也开始注重环境污染治理投资，老工业源污染投资逐年增长，从2000年的174.5亿元增加到2013年的849.7亿元，增长了4.87倍；工业废水、废气治理设施运行费用从2000年的226.3亿元增长到2013年的1126.5亿元，增长了4.98倍。随着投入的增加，工业污染治理已初见成效，2001年工业废水排放达标率、工业二氧化硫排放达标率、工业固体废弃物综合利用率分别为85.6%、61.3%、52.1%，到2010年分别提高到了95.3%、92%和66.7%。

第一节　模型的构建——DEA - LCA

一、数据包络分析

数据包络分析（DEA）是 Charnes 和 Cooper（1978）等人创

建的，是一种评价多个输入和多个输出的决策单位（DMU）间的相对有效性的一种方法[①]。DEA 包括 CCR、BBC、WINDOW 等模型。本书采用的是 DEA 输入模型（C^2R）^{I}。

DEA 方法的基本原理是：设有 n 个决策单元 DMU_j（$j = 1$，2，…，n）。

其中投入向量为 $X_j = (x_{1j}, x_{2j}, \cdots, x_{mj})T > 0$，产出向量为：$Y_j = (y_{1j}, y_{2j}, \cdots, y_{sj})T > 0$，$j = 1, \cdots, n$。由于在运行过程中各决策单位的作用不同，因此，要对各决策单位进行评价，给投入、产出设定权重分别为 $v = (v_1, v_2, \cdots, v_m)T$ 和 $u = (u_1,$

$u_2, \cdots, u_s)T$，即有：$\theta_j = \dfrac{u^T Y_j}{v^T X_j} = \dfrac{\sum\limits_{r=1}^{s} u_r y_{rj}}{\sum\limits_{i=1}^{m} v_i x_{ij}}$，（$j = 1, 2, \cdots, n$）

（第 j 个决策单元 DMU_j 的效率评价指数）。

如果想了解某个决策单元在 n 个决策单元中是否有最优相对效率，此时可以考察 u_0 和 v_0 的变化。

（1）若（C^2R）^{I} 的最优解 u，v，使得效率指数：$\theta_j = \dfrac{u^T Y_j}{v^T X_j} = 1$

此时 DMU – j 为弱 DEA 有效。

（2）若（C^2R）^{I} 的最优解 u，v，使得效率指数：$\theta_j = \dfrac{u^T Y_j}{v^T X_j} = 1$

并且 $u > 0$，$v > 0$，此时 DMU – j 为 DEA 有效。

二、生命周期评价方法

生命周期评价方法（LCA）是始于 20 世纪 60 年代末用于评

[①] Charnes A，Cooper W W. Some Models for Estimating Technical and Scale Inefficiencies in Data Envelopment Analysis [J]. Management Science，1984，30（9）：1078 – 1092.

· 115 ·

价产品或服务相关的环境因素及其整个产品或服务生命周期环境影响的工具①。20 世纪 80 年代末至今生命周期评价方法得到了广泛地研究，并作为评价污染预防措施的工具普遍使用。1993年，国际环境毒理学与化学学会提出了生命周期评价技术框架②，见图 6.1。

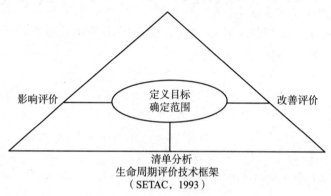

影响评价　　定义目标确定范围　　改善评价

清单分析
生命周期评价技术框架
（SETAC，1993）

图 6.1　生命周期评价技术框架

三、DEA - LCA 模型

由图 6.1 可知，DEA 与 LCA 这两种方法有相似之处，都是为了完成一定的目标而进行相关效率评价。清单分析可以理解为环境污染评价的输入与输出，对环境污染治理投资效率测算之后，总结其影响因素并对其进行影响评价，针对实际问题，提出对策分析即改善评价。将 LCA 与 DEA 方法相结合，弥补了现今

---

① Gloria T, Theodore S, Brevillem, et al. Life-cycle assessment: a surery of current implementation [J]. Total Quality Environmental Mangaement, 1995 (1): 33 - 50.

② Vigon B. Guidelines for life-cycle assessment: a code of practice [M]. USA: Society of Environmental Toxicology and Chemist, 1993.

的阶段式的评价及决策路径。因此，从工业污染源投资等指标入手，对工业污染治理投资对环境影响的全貌进行研究。

第二节　指标的选取

随着工业化水平的提高，工业生产对环境污染贡献度较大，因此选取工业污染治理相关指标作为效率评价变量。

输入变量：即工业污染治理投入指标。包括工业污染源治理投资总额、工业污染治理设施数、工业污染治理设施运行费用。

输出变量：包括工业废水排放达标量、工业固体废物综合利用量、工业二氧化硫去除量。通过工业污染排放达标量的变化以反映各地方政府环境治理力度和成效，即工业废水排放达标量大、工业固体废物综合利用量高、工业二氧化硫去除量高，就意味着地方政府环境治理效率提高，反之亦然。

通过选取以上输入变量和输出变量目的在于得出我国在环境污染治理投资方面的有效性，为政府财政政策的制定以及考核指标的选取提供方向。

由于部分数据的不完全，因此选取 2005~2010 年中国大陆除西藏自治区和青海省以外的 29 个省（直辖市、自治区）的工业污染治理投资数据进行实证，数据来自于中国环境年鉴。

第三节　实证结果及分析

运用 DEA - Solver - LV 软件，结合 LCA 方法对我国 29 个省

（直辖市、自治区）2005～2010 年的工业污染治理投资面板数据进行环境保护投资效率评价。

一、实证结果（见表6.1）

表6.1　　　各地区 2005～2010 年工业污染治理投资效率

地区	2005年	2006年	2007年	2008年	2009年	2010年	地区	2005年	2006年	2007年	2008年	2009年	2010年
安徽	1.00	1.00	1.00	1.00	1.00	1.00	重庆	1.00	1.00	0.90	0.88	0.81	0.80
江西	1.00	1.00	1.00	1.00	1.00	1.00	四川	0.90	0.81	0.69	0.82	0.67	0.88
甘肃	1.00	1.00	1.00	1.00	1.00	1.00	贵州	0.84	0.66	1.00	0.76	0.87	1.00
广西	1.00	1.00	1.00	1.00	1.00	1.00	陕西	0.75	0.63	0.69	0.65	0.75	0.81
内蒙古	1.00	1.00	1.00	1.00	0.86	1.00	黑龙江	0.71	1.00	0.67	0.63	0.77	0.66
云南	1.00	0.95	1.00	0.97	0.98	0.76	河南	0.73	0.76	0.74	0.80	0.79	0.84
江苏	1.00	1.00	1.00	1.00	0.83	0.85	山西	0.64	0.62	0.60	0.78	0.64	0.88
吉林	0.73	1.00	1.00	1.00	1.00	1.00	辽宁	0.68	0.69	0.63	0.86	0.73	0.62
浙江	0.61	1.00	1.00	1.00	1.00	1.00	宁夏	0.61	0.52	0.61	0.66	0.56	1.00
湖北	0.81	1.00	0.99	0.91	0.76	1.00	广东	0.63	0.62	0.50	0.42	0.51	0.44
山东	0.86	1.00	1.00	1.00	0.63	0.94	上海	0.65	0.63	0.47	0.52	0.38	0.43
海南	0.83	0.62	1.00	1.00	1.00	1.00	湖南	1.00	0.79	0.84	0.92	1.00	1.00
福建	0.80	0.88	1.00	1.00	1.00	0.93	天津	0.50	0.63	0.40	0.43	0.33	0.43
河北	0.80	0.79	1.00	1.00	1.00	1.00	北京	0.48	0.59	0.38	0.43	0.35	0.35
新疆	0.43	0.31	0.33	0.56	0.52	0.34							

数据来源：由中国环境年鉴（2006～2011）相关数据统计而来。

从表6.1可以看出，中国 29 个省（直辖市、自治区）中有广西、江西、安徽和甘肃省 4 个决策单元有效，其余决策单元无效，对于无效决策单元，可以通过改变决策单元的输入输出变量，使其有效。从运行结果来看，近些年我国工业污染治理仍然没有走出"高投入、低效益"的困境，以2010年为例，在输入变量方面，北京市、陕西省、辽宁省实际投入的数值与目标值之间不对等，存在着不同程度的输入剩余，例如北京市，其输入变量（工业污染源治理投资、工业污染治理设施数、工业污染治理设施运行费用）分别超过目标数的34.55%、28.76%和33.22%；在输出变量中，大部分地区都实现了输出数值与目标值的一致，尤其是工业固体废弃物综合利用量除江苏以外的所有地区均完成了治理目标，但是一部分地区的工业废水排放达标量和工业二氧化硫排放达标量明显低于目标值，差异最大的是工业二氧化硫去除量，黑龙江省工业二氧化硫未去除量占目标量的比重高达87%，另外，福建、新疆地区的工业二氧化硫未去除量均在50%以上。从各输入输出变量的相关性也能看出，2010年，输入变量（工业污染治理运行费用、工业污染投入设施数）与输出变量工业固废排放达标量和工业废水排放达标量的相关系数明显高于工业二氧化硫排放达标量。同时，在2005~2010年，工业污染治理投资效率地区差异较大，平均生产效率最高的地区为1，而最低的地区仅为0.35，存在约3倍的差距。这和各地区的经济发展水平以及财政分权体制所带来的激励效应不同有关。

　　为了更清晰的体现污染治理效率在不同时间段的变化，选择2005~2010年面板数据进行DEA视窗分析，视窗长度为3年[①]（Avkiran，2004），结果见表6.2。

[①] Avkiran N K. Decomposing technical efficiency and window analysis [J]. Studies in Economics and Finance, 2013, 22 (01)：61-91.

表6.2　　　中国各地区工业污染治理投资效率视窗分析

	连续3年的生产效率均值					连续3年的生产效率均值			
地区	视窗1	视窗2	视窗3	视窗4	地区	视窗1	视窗2	视窗3	视窗4
北京	0.51	0.46	0.38	0.37	河南	0.75	0.77	0.78	0.81
天津	0.51	0.49	0.39	0.42	湖北	1.00	0.97	0.89	0.89
河北	0.87	0.93	1.00	1.00	湖南	0.88	0.85	0.92	0.97
山西	0.62	0.67	0.70	0.80	广东	0.59	0.51	0.48	0.46
内蒙古	1.00	1.00	0.95	0.95	广西	1.00	1.00	1.00	1.00
辽宁	0.64	0.70	0.74	0.74	海南	0.87	0.87	1.00	1.00
吉林	0.95	1.00	1.00	1.00	重庆	0.97	0.93	0.86	0.84
黑龙江	0.80	0.77	0.69	0.70	四川	0.84	0.77	0.73	0.79
上海	0.58	0.54	0.46	0.44	贵州	0.89	0.81	0.88	0.88
江苏	1.00	1.00	0.94	0.94	云南	0.98	0.97	0.98	0.96
浙江	0.95	1.00	1.00	1.00	陕西	0.69	0.66	0.69	0.73
安徽	1.00	1.00	1.00	1.00	甘肃	1.00	1.00	1.00	1.00
福建	0.89	0.96	1.00	0.98	宁夏	0.58	0.60	0.61	0.74
江西	1.00	1.00	1.00	1.00	新疆	0.43	0.40	0.47	0.52
山东	1.00	1.00	0.88	0.88					

　　表6.2中，视窗1为（2005～2007年），视窗2为（2006～2008年），视窗3为（2007～2009年），视窗4为（2008～2010年）。4个视窗统计结果显示，除广西、甘肃、江西、安徽四个地区工业污染治理投资有效外，其他地区则无效。其中，江苏、吉林、浙江、内蒙古、云南等5个省（自治区、直辖市）环保效率均值均在0.9以上，但是北京、天津、新疆环保效率均值一直在0.5徘徊，并且有下降趋势；湖南、四川、贵州、云南、江苏、浙江、福建等省连续3年工业污染治理投资效率变动不大，存在着

较强的稳定性（见图 6.2）。各地区环保投资效率除了与污染治理投资额，还与投资资金有效利用率、环境污染治理技术水平、地方政府环境规制行为有较大的关系。比如北京、天津等地区存在着输入过剩与环境污染治理投资效率较低共存的现象。从极差来看，视窗 1 到视窗 4 分别为 0.49、0.6、0.62、0.63，呈现着地区差距逐渐拉大的趋势。

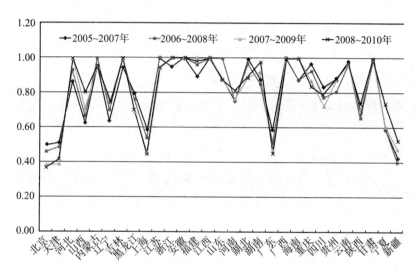

图 6.2　中国各地区连续 3 年工业污染治理投资效率折线图

二、实证结果分析

1. 财政分权体制下的环境污染治理投资总量不够，结构不合理

我国的财政分权具有政治集权和经济分权的特征，地方政府承担着环境保护等公共产品和公共服务供给的主要职责，但是在财政分权体制下，地方政府在事务管理过程中存在着明显的事权和财权不对等，在财力约束下，地方政府往往会重视生产性领域的支出而忽视环境污染治理等非生产性领域的投资，财政分权使地方政府缺乏污染治理投资的动机。

2000 年，我国环境治理投资占 GDP 比重为 1.02%，此后呈持续增长状态，到 2013 年，比重增加到 1.67%，但是离达到能够明显改善环境质量 3.0% 的比例还有很大差距。另外，我国环境污染治理投资结构不太合理，2014 年，城镇环境基础设施建设投资为 5463.9 亿元，占环境污染治理总投资的 57.1%，而工业污染源治理投资为 997.7 亿元，仅占投资总额的 18.26%。同年，在全国废气主要污染物二氧化硫排放量中，工业源排放占排放总量的 89.79%，而我们在污染治理过程中，致力于二氧化硫治理的投资远远不足。

虽然我国部分地区出现环境污染治理输入剩余地区，但是大部分地区仍处于环境治理投资总量不足的困境，因此，要加大工业污染治理投资力度，致力于源头治理。政府在加大工业污染投资力度的同时，增强对工业污染行为的约束，通过征收排污费、完善排污许可证交易制度等方式，将环保考核指标纳入企业生产、运输、销售、回用等整个生命周期阶段过程；强化政府财政体制及环境保护政策对能源的消耗结构、能源效率高低的影响，判断和评价工业污染治理高效率的社会、经济效益。

2. 财政分权、环境管制与污染治理投资效率低下

从表 5.3 中的回归结果可以看出，财政分权度与工业污染排放达标率呈反向关系，随着财政分权度的升高，地方政府环境污染治理效率是降低的，从效率评价结果也可以发现，我国较多地

区存在着输入剩余，这也表明我国目前污染治理支出效率较低。表6.2效率结果显示，大部分的决策单元是非有效的，但是其非有效程度也存在着差异，北京、天津、新疆等地非有效程度严重，污染治理投资效率大都低于50%，并且呈现着效率逐年下降的趋势。这种现象的出现首先是体制上的原因。财政分权所带来的激励机制、以及以经济增长为主要考核指标的官员考核体系，在一定程度上扭曲了地方政府环境监管行为，在有限财力的基础上，地方政府将为了阻碍资金外流和吸引外资流入而放松环境管制；其次是环境治理技术层面的影响。总的说来，我国目前的环境污染检测技术及治理技术不高，是导致污染治理效率低下的原因之一。

因此，加强地方政府环境规制，提高环境污染治理效率。首先，完善政府绩效考核评价体系，构建政治晋升激励与约束相容机制。转变以 GDP 为主要衡量指标的考核方式，随着经济、社会、自然环境的变化实现考核内容的调整性，目前将环境保护指标纳入官员考核体系刻不容缓，将官员晋升与环保责任结合起来，构建政治激励与约束并重机制。同时，提高中央政府环保投资力度，强化财政激励。其次，提高环境污染检测技术。根据各地区不同的污染程度，探索污染原因，政府加大技术研究和开发的投资力度，扶持技术创新项目和高技术产业的发展，依托当地教育资源，普及科技知识，提高科技人员素质。

3. 工业污染治理投资效率存在着区域发展不平衡

表6.2中可以看出，从视窗1到视窗4的极差效率分别为0.49、0.6、0.62、0.63，地区差异呈扩大趋势。

综上所述，我国大部分地区环境污染治理效率低效。采用我国 29 个省（直辖市、自治区）级数据构建面板数据，运用 DEA – LCA 方法对我国环境污染治理进行效率测算和评价，发现只有广西、江西、安徽和甘肃省 4 个决策单元有效，其余决策单元则无效，大部分无效决策单元存在着输入剩余，输出严重不足的问题。因此，第一，依据产品生命周期理论，延伸生产者责任，将环境污染治理拓展到整个产品的生命周期，从产品设计、生产、包装等实现源头绿色化，将污染末端治理向源头防控相结合；从消费者的角度，提倡污染物排放分类以及按照环境治理成本最小与环境损害最小化原则进行排放；从"产出"的角度来看，加快环境污染治理领域的技术进步，提高科技人员的素质等方面提高环境污染治理效率，从而改变决策单位的输入输出变量，使决策单元有效。第二，在加强地方政府环境规制的基础上，扩大环境污染治理投资规模，是提高地方政府环境污染治理的有效途径。针对区域污染治理投资效率差距拉大现状，通过完善政府间转移支付体系，促进地方政府间生态横向转移支付体系的构建，实现跨区域合作和资源互补。另外，完善环境项目制管理体系，强化地方政府环境污染治理的激励作用，促进地方政府间良性竞争，实现资源、环境、社会的可持续发展。

第七章

财政分权下地方政府环境污染
治理的国际经验及启示

美国、日本及欧盟发达国家，在环境污染治理上体现出了财政分权特征，建立了中央与地方以及地方政府之间的环境治理协调机制；他们在环境立法、政府环保预算支出、环保投融资机制、污染跨界治理、转移支付体系以及培育环保产业等方面积累了较为成熟的经验，值得我国学习与借鉴。

第一节　美国的财政分权与环境污染治理经验

一、政府间环境立法的相对独立性

美国政府分为联邦、州和地方政府三级，宪法规定联邦政府和州政府在规定的权限范围内享有自由行动权力，其中包括环境立法权。20世纪70年代，美国掀起了环境保护的一系列立法浪潮，不仅为环境污染治理提供法律保障，也明确了政府在环境污染治理中的事权。

1. 联邦政府制定全国性环保法律

20 世纪 30 ~ 60 年代是资本主义社会工业高速发展的时期，也是环境污染最为严重的时期，美国从这些环境事件中吸取教训，迅速建立起法律等应对体系。1969 年 12 月，美国国会通过《国家环境政策法》，并于 1970 年生效并实施。该法律宣布了国家环境政策和国家环境保护目标，明确了国家环境政策的法律地位，规定了环境影响评价制度，并设立了国家环境委员会，为美国当代环境法制奠定了基础。1980 年美国制定了《综合环境反应、赔偿与责任法》（又叫《超级基金法》），奠定了一系列环境管理制度，这些制度对于包括化学物品、有毒有害物质以及固体废物、应急管理等主要环境领域的管理奠定了基础。

1990 年美国制定了《污染防治法》，以源头控制、节能及再循环为重点，对大气、水、土壤、垃圾等实行全方位的管理，将环境治理与社会的可持续发展紧密地联系起来，提出用污染预防政策补充和取代以末段治理为主的污染控制政策，明确规定必须对污染产生源做事先预防或减少污染量，至于排放或最终处置则是最后手段。随后，美国又制定了相关的具体法律。美国联邦政府从《空气污染控制法》到《清洁空气法》经历了多次修正，构建了较完整的空气污染防治法律体系；美国议会颁布并实施了《安全饮用水法》、《清洁用水法》以确保居民饮水安全和有效管理水资源。《美国清洁能源与安全法案》（ACESA）是美国 2009 年颁布的一部综合性能源法案。该法案包括清洁能源、提高效能、减少温室气体排放、向清洁经济能源转变四个部分，旨在推动美国经济复苏、维护国家安全、减缓全球变暖。美国地方政府也积极通过政策制定和立法应对气候变化，康涅狄格、缅因、加利福尼亚、威斯康星、夏威夷等州建立了温室气体报告制度，并立法规定温室气体的排放目标，州政府之间采取联合行动签署了"区域温室气体倡议"、"西部气候倡议"等。

2. 州和地方政府独立实施环境立法

州和地方政府独立实施环境立法，全面负责地方环境质量。美国实行州政府独立实施原则，各州在联邦总数的环境标准原则指导下，享有独立的实施自由，可根据实际情况制定具体的环境污染治理计划。

以固体废弃物治理为例。在贯彻联邦立法的前提下，马萨诸塞州于 2005 年 8 月颁布了禁止填埋特定类别的建筑垃圾法令。法令规定禁止填埋的建筑垃圾类型以及固体废弃物回收和再利用的具体实施方案。加利福尼亚州 2002 年颁布了《普通有害废弃物法》，法律中规定电池、荧光灯管等有害废弃物禁止在垃圾填埋场填埋；并规定方案分阶段实施，首先针对 50 人以上的企业实施，为小型企业和居民家庭规定了一个 4 年豁免期。

3. 建立告发人诉讼制度

美国早在 1863 年就将告发人诉讼制度写入了《防治欺诈请求法》，该制度在 20 世纪 90 年代后广泛用于环境污染治理领域，使民间力量参与环境污染治理有了法律支持和保障，鼓励公众参与环境污染治理，促进环境法律法规的有效执行。

二、合理划分政府间环保事权与支出责任

财政环保支出是用于解决环境污染问题、履行政府环保职能的公共财政资金。世界各国的财政环保支出以及环保支出结构随着环境质量的变化和国家的财政政策、环保政策的出台而产生和不断调整。美国环境保护支出预算管理包括 3 个方面的内容。

1. 地方政府环保支出占全国环保支出的较大比重

20 世纪初掀起来了一场恢复自然资源的环保运动，投入了大规模的环保支出，是为了应对 19 世纪资源过度消耗而带来的供给危机；20 世纪 30 年代，受干旱天气及经济危机的影响，美国采取了宽松的财政政策，加大对环保支出的投入，再一次掀起了将资源保护纳入法制化管理轨道等为内容的环保运动；1970 年，美国成立了国家联邦环保局（EPA），并颁布了一系列环保相关法律，在这一时期政府环保财政支出达到了全国环保投资的 60%。21 世纪初，奥巴马政府为了凸显其在环境污染治理领域的领导地位，其环保政策发生了重心转移，大力推动新能源化法以应对气候变化。美国环保局财政环保预算支出呈上涨趋势，但是占据全国环保费用的比例不高。1980 年美国环保预算为 47 亿美元，1990 年上升为 55 亿美元，为全国环保费用 36%，但是自 20 世纪末至今，环保预算费用稳定增长，环保局预算支出占全国环保支出费用的比例却大幅度下降，控制在全国环保费用的 10% 以内，大部分环保预算支出来自于地方政府。

2. 环保预算支出结构

合理的环保预算管理是有效治理环境污染的基本保障，美国

十分重视环保预算的使用方向，不仅保证了常规时期的环境污染治理活动得以顺利展开，也使得出现环境污染的突发情况的非常时期环境治理有了充分财力保障。

表7.1显示了2012～2014年的美国联邦应对环境变化的财政支出，主要包括大气全球变化研究计划，清洁能源技术，自然资源保护，减少温室气体，能源税条款等项目支出。全球变化研究计划包含了各种各样的技术研究、开发和部署活动；清洁能源技术主要包括地热、太阳能、风能、生物质能、核能和水力等新渠道，还包括程序技术或实践，帮助提高能源效率和减少能源消耗，如建筑节能，更有效的传输或分配的电力，提高发动机效率和燃油经济性。国际援助支出主要是调动各种资源，利用双边和多边援助工具，促进资源协调。能源税收条款主要是针对某些能源技术的投资可以通过税收激励和能源支付给予税收抵免，这些激励措施可以促进节能的部署或替代能源技术，有助于减少温室气体排放。

表7.1   **美国应对气候变化的联邦支出**   单位：百万美元

支出项目	2012 年	2013 年	2014 年	2014 年与 2013 年支出比较
美国全球变化研究项目	2506	2463	2658	＋195
清洁能源技术	6121	5783	7933	＋2150
国际援助	958	797	893	＋96
自然资源	88	95	110	＋15
减少温室气体排放	5052	4999	5129	＋130
能源税条款	5080	8080	4710	－3370
调整重复项目	－24	－22	－23	——
总支出	19781	22195	21408	－787

数据来源：美国白宫网 http：//www. whitehouse. gov/omb/budget/Historicals。

表 7.1 中，从 2012～2013 年数据来看，总支出有所增长，主要体现在能源税条款上面，2013 年能源税补贴支出较 2012 年增长了 1.59 倍，其他项目除自然资源支出以外都有不同程度的降低。到 2014 年，联邦支出结构有所变化，伴随着能源税条款支出的急剧下降，其他支出项目的支出规模都增加了，尤其是清洁能源技术支出增加较快，这说明了美国随着其环保政策的转变，其环保预算支出结构重心转移，加大了对生物多样化和新能源的投入，21 世纪以来环保预算支出重心向新能源的开发和应用转移。2015 年 8 月，奥巴马总统和美国环境保护署宣布清洁能源计划开始实施，呼吁各州及地方政府共同支持该项计划。他提出该计划是为了应对气候变化，通过制定新的发电厂排污标准，实现从 2005～2030 年减少二氧化碳的排放量的 32%；该计划将保护美国家庭的健康，到 2030 年将防止多达 3600 人过早死亡，预防 1700 非致命性心脏病，预防 90000 个儿童哮喘；将促进经济的增长，包括使用超过 30% 的新能源发电，创造上万个就业岗位和降低可再生资源的成本；将提高家庭的储蓄量，包括为 3000 万个家庭提供足够的电力，在 2020～2030 年为消费者节约 1550 亿美元①。美国的新能源计划是促进环境污染治理的重要举措，有利于节约能源消耗、实现环境保护，提高居民的生活质量。

3. 环保预算绩效管理

（1）科学的环保预算模式和预算编制程序。1993 年，美国

---

① 美国白宫官网：https://www.whitehouse.gov/climate-change#section-clean-power-plan.

国会通过了《政府绩效和结果法案》，宣布改变联邦环保局成立之初的零基预算模式，实行全面绩效预算模式，通过制定战略计划目标，对环境保护支出责任进行精确测量和分配，实行全面绩效管理。在环保预算编制过程中，环保预算经过环境保护部门与联邦预算局（OMB）反复商讨，并征询国会与国民的意见而最终确定，大大提高了公众参与度，体现了国民环保意志。

（2）实行环保预算项目的精细化管理。美国以环保项目的成本为基础进行预算资金测算，设立各项环境监测指标，对预算项目规划进行精细化管理。

（3）具有较为完善的环境保护预算信息体系。包括五年环保部门战略计划、年度预算计划、计划报告等宏观计划体系，并建立了完善的环保信息披露机制，坚持全面、具体、准确、清晰原则，提高环保预算支出透明度，让公众及时了解环保资金计划并参与到环保中来。

三、科学的政府间转移支付关系

19 世纪初，为了协调联邦、州和地方政府之间的财政余缺，美国建立了政府间财政补助和拨款制度。美国的转移支付主要是纵向转移支付，联邦政府每年制定转移支付预算支出，拨款给州和地方政府，由州和地方政府负责安排和使用。目前，财政转移支付已成为联邦财政支出的重要内容。如表 7.2 所示：转移支付总额呈持续上涨趋势，从 1980 年的 91.385 亿美元持续增长，到 2005 年增长到了 425.79 亿美元，占 GDP 的比重一直保持在 3% 左右。联邦政府对州和政府的财政拨款是州和地方政府支出的重要来源，比重均在 30% 左右。

表7.2   美国联邦政府对州、地方政府转移支付情况

年份	拨款总额（百万美元）	拨款的相对比例		
		占州、地方支出比重（%）	占联邦支出比重（%）	占GDP比重（%）
1980	91385	39.9	15.5	3.3
1990	135325	25.2	10.8	2.4
1995	224991	31.5	14.8	3.1
2000	284659	27.2	15.9	2.9
2001	317211	28.2	17.0	3.2
2002	351550	29.4	17.5	3.4
2003	387366	31.4	17.9	3.6
2004	406330	31.9	17.7	3.5
2005	425793	31.6	17.2	3.5

数据来源：U. S. Department Of Commerce, 2006, statistical Abstract of the United States.

  美国联邦财政转移支付分为三种：规定具体用途的资助金，较宽范围用途的资助金，一般目的资助金。一般来说用于环境保护的资助金属于规定具体用途的资助金，并且规定州和地方政府必须拿出一定比例的配套资金。从结构上看，规定具体用途的资助金约占联邦补助金的80%左右，另外两种资助金各占10%左右，可见联邦政府力图通过发放补助金的方式实现政策目标。

  另外，美国在横向转移支付方面也做出了努力，在《联邦国会法案》中对横向财力均等化做了具体规定，包括各州间的财政转移支付和州内地方政府间的财政转移支付。通过测算全国居民平均税收额和各州居民平均税收额，严格划分富裕州和贫困州，富裕州向贫困州进行财政转移。

四、政府间在环境污染跨界治理中的通力合作

环境资源具有公共资源的特征，环境污染问题往往涉及到不同的行政区划，长期以来的"各自为政"，导致"公共地悲剧"时有发生，因此，国外学者对环境问题的跨界治理展开了大量研究。早在 20 世纪 70 年代，学者们就开始研究跨界污染治理问题，认为政府环境保护行为需要政策的保障和监督，跨界治理重点在于政府间一般监管政策和环境政策的形成过程的关注，Yandle（1983）和 Quinn（1986）发现环保参与主体多元化能提高环保效率，即特殊利益集团（包括监管团体和公民组织）的参与降低了联邦政府的参与度，使得组织在州及地方有更大的影响力。20 世纪 80 年代初，美国构建了跨界污染治理机制，主要在大气污染、水域污染方面，并取得了较好的实践经验。

1. 设立统一管理结构，促进和协调污染区域的污染治理合作

20 世纪 70 年代，美国开始了空气污染防治的国内跨界防治，致力于大气质量的监管。1976 年，由美国立法机关和政府授权，加利福尼亚州成立了南海岸大气质量管理区（SCAQMD），覆盖范围包括洛杉矶等四大县和 40 余城市。SCAQMD 职责清晰，分工明确。管理区设立了立法部门、执法部门和监测部门；立法部门制定大气管理计划，执法部门负责环保企业污染排放及污染费用的监管，监测部门主要负责大气质量的监测。此外，20 世纪末，美国开始关注州与州之间的大气环境污染治理的跨界合作，1990 年美国成立了臭氧传输委员会（OTC），致力于各州之间的

大气环境监管，其主要功能在于对治理区域的大气质量进行科研研究和评估、制定联合治理政策和构建执行机制、促进 OTC 成员签署协议、执行约定。

2. 加强大气污染治理国际合作

1993 年，美国、加拿大、墨西哥三国共同签署了《北美环境合作协定》，建立了北美环境合作委员会，建立公众参与和争端裁决机制，制定空气改善计划，促进三国大气治理合作，提高环保水平。在水污染跨界治理方面，也构建了全新的水流域跨界治理模式。北美洲五大湖（苏必利尔湖、密歇根湖、休伦湖、伊利湖和安大略湖），除密歇根湖属于美国外，其余 4 湖均跨美国和加拿大两国。针对五大湖流域传统制造业所带来的水污染，1909 年美国和加拿大两国为了解决有关边界水域利用以及水污染治理争论等问题签署了《1909 年边界水域条约》。经过两国的合作治理，五大湖流域的水资源得到了很大改善。第一，该流域所涉及的州、省政府共同组成管理小组。管理小组明确规定各州、省保护五大湖水资源的义务；对水资源的管理必须在相应法律法规框架下完成；建立五大湖区保护基金会。第二，合理运用五大湖区保护基金，充分调动公众参与水资源保护的积极性①。

此外，美国还通过实施绿色财税政策，加大绿色技术的研发投入，创新引智模式，发展绿色产业。20 世纪 70 年代以来，美国创新引智模式，包括组建科研机构与企业绿色技术共同研发联合体、国际合作等方式、带动高技术人才流动，带动高新技术的

---

① Meixler, M. S, Bain, M. B. A water quality model for regional stream assessment and conservation strategy development [J]. Environmental Management, 2010, 45 (4): 868 – 880.

迅速扩散。21 世纪初，美国更加重视新能源产业的发展，并利用法律手段为其提供强有力的政策保障。美国的新能源政策主要包括增加清洁能源投入，刺激私人投资；提供税收优惠，增加就业岗位；政府资助绿色产业培育。2005 年 8 月，布什总统签署了《2005 国家能源政策法》，美国开始实施光伏投资税减免政策，2007 年国会《美国能源独立及安全法》，规定到 2025 年清洁能源投资规模将达到 1900 亿美元。2009 年奥巴马政府通过《2009 年恢复与再投资法》，规定将划拨约 500 亿美元用来开发绿色能源和提高能效；2014 年，奥巴马新清洁能源计划正式实施，计划中提到 2030 年之前减少 32% 的碳排放量。

第二节　日本的财政分权与环境污染治理经验

日本是实行地方自治的单一制国家，地方拥有较广泛的自治权力，其中包括高度的自治立法权。日本政府间环境立法具有相对独立性，地方政府可以根据当地的环境污染状况制定地方行政性法规，有利于提高环境污染治理的效率；另外，明确划分政府间环保事权与支出责任，针对政府间不平衡的财政关系，建立了较完善的转移支付制度，这为地方政府致力于环境污染治理提供了财政资金保障。

一、完善的环境立法

在环境污染治理方面，中央政府负责制定全国性的环境法律，负责环境标准的制定和监督，以法令形式出现。地方政府（包括都道府县、市町村）拥有广泛的自治权力，制定地方性法规：包括排放申报制、许可制以及排放标准的制定，全面负责本辖区内的环境质量，以条例形式出现。目前，日本已经形成了一套较为完善的环境法体系，日本的环境法是经历了从防治公害到环境保护，从地方行政性法规到国家立法的过程①。完备的法律体系是有效解决环境污染的基本保障，法律具有很强的约束力，能够规范经济主体行为，促进废弃物按照环境污染最小的路径排放。

从日本明治维新到二次世界大战结束时期，日本遭遇了矿业公害、工厂公害、水质污染等环境问题，遭受污染损害的当地居民向当地政府提出公害治理要求，督促当地政府采取措施解决污染问题，改善生活环境。因此，日本地方政府颁布了早期的公害对策法。比如，20 世纪 20 ~ 30 年代，大阪市城市化进程加快，产生了较为严重的工业污染和生活污染问题，在民众的强烈环保要求下，大阪府于 1932 年发布了《煤烟防止规则》，1949 年发布了《大板府工厂公害防治条例》。在 20 世纪 50 ~ 70 年代，随着工业化的发展，日本环境污染问题日益严重，引起了日本全社会的关注。日本中央政府在地方性法规的基础上颁布了各项法律以防治公害，1967 年通过了《公害对策基本法》、1968 年通过了《大气污染防治法》、1993 年通过了《环境基本法》等一系列基本法，见表 7.3。

在环境立法方面，日本国会颁布环保法律、制定环保政策，对地方政府实施调控和监督；地方政府拥有广泛的自治立法权，根据当地污染状况自行立法，这有效的保证了地方政府环保活动的有效开展。日本的环境保护法是自下而上推行的，大部分地方

---

① 原田尚彦. 环境法［M］. 法律出版社，2000.

立法先于国家立法。20 世纪 50 年代以前，由于遭受污染灾害的当地居民的环保要求，地方政府为了应对环境污染问题，率先制定地方性法规。20 世纪 50 年代至今，日本开始了环境国家立法，大部分立法是在地方性法规的基础上进行的。

表 7.3　日本与环境污染治理相关的主要法律、法规

地方性法规	国家法律
《大阪府煤烟防治条例》（1932）	《工业用水法》（1956）
《京部府煤烟防治条例》（1933）	《煤烟防治控制法》（1962）
《大板府工厂公害防治条例》（1949）	《公害对策基本法》（1967）
《东京都噪声防治条例》（1953）	《大气污染防治法》、《噪声控制法》、
《奈川县工厂会部防治条例》（1951）	《公害纠纷处理法》（1968）
《大板府企业公害防治条例》（1954）	《废物处理法》（1979）
《福同县工厂公害防治条例》（1955）	《城市绿化法》（1973）
	《环境基本法》（1993）

二、政府间环保事权与支出责任划分清晰

日本实行的是中央、都道府县和市町村三级行政体制，都道府县和市町村统称为地方政府，日本对中央和地方事权有着明确的划分，财政关系非常明晰。以水流域环境治理的基础设施建设为例，中央政府主要负责一级河流管理，都道府县负责一级河川、二级河川的管理，市町村负责准用河川管理港口、供应住宅上水道、下水道管理①。

---

① 中华人民共和国财政部网站：http：//yss. mof. gov. en/zhengwuxinxi/guojijiejian/200810/t20081008 - 80892. html.

（1）合理划分政府间环保预算支出。合理的环保预算管理是有效治理环境污染的基本保障。日本十分重视环保预算支出方向，不仅保证了常规时期的环境污染治理活动得以顺利展开，也使得非常时期的环境治理有了充分财力保障。近些年，日本的环保预算支出包括大气污染防治、废水管理、废弃物管理、土壤保护、噪声管理、生物多样性保护、辐射防护、其他环保活动等领域，重点致力于污水治理、大气污染防治、新能源开发和利用等方面的支出。

表7.4中地方政府财政支出数据包含了政府间转移支付，即地方财政支出包含了来自中央财政的地方让与税、地方交付税和国库支出金等。综合表中统计的年份数据，日本地方财政支出占全国财政支出的3/5，大大高于中央财政支出。可以看出，日本地方政府承担了较多的事权，其中包括环境的污染治理。

表7.4　　　　　日本中央与地方政府财政支出构成　　　　单位：%

年份	中央财政支出	地方财政支出
1950	31.8	68.2
1960	30.1	69.9
1970	26.9	73.1
1980	32	68
1990	30.8	69.2
1996	35.3	64.7
1998	34.3	65.7
2004	36.1	63.9

数据来源：[日] 财务省主计局调查课. 财政统计 [M]. 2004.

表7.5 显示的日本财政支出结构中，环保支出占全国财政支出的比重变化不大，2005 年为 3.7%，随后有所下降，到 2010 年下降到 2.9%；在此期间，日本的环保财政支出侧重于社会保障支出，所占比重在 40% 左右。

表7.5　　　　　　　　　日本财政支出结构　　　　　单位：%

年份	一般公共服务	国防	公共秩序和安全	经济事务	环保	住房和社区设施	卫生保健	娱乐文化宗教	教育	社保
2005	12.5	2.4	3.5	10.6	3.7	2.4	16.2	1	9.3	38.5
2006	12.4	2.4	3.5	10.2	3.4	2.3	16.3	1	9.4	39.1
2007	12.3	2.3	3.5	9.7	3.2	2.2	16.5	1	9.4	39.9
2008	12	2.3	3.4	10.9	3.1	2.1	16.4	0.9	9.1	40
2009	11.4	2.2	3.3	10.7	3.4	2.2	16.3	0.9	8.9	40.7
2010	11.5	2.1	3.1	9.6	2.9	2.0	17	0.9	8.8	42.1

数据来源：OECD. OECD Factbook.

（2）环保投融资来源的多元化。日本非常重视环境污染治理，在长期的环境污染治理中建立了比较完善的环保投融资机制①。

从表7.6 可以看出，日本环保投融资模式有以下四个特点：其一，地方政府是环保投资主体之一。日本的环保投资来源包括来自政府部门、市场融资以及非政府组织等，但是以政府主导型为主，涉及到国家公共污染问题的投资资金主要由中央政府提供，而涉及到地方资源回收利用以及环境污染治理设备提供等由

① 曲国明，王巧霞. 国外环保投资基金经验对我国的启示 [J]. 金融发展研究，2010（1）：52－55.

地方政府提供。其二，资金的使用方向明确。以政府投资为主体
的环保投资资金主要是通过直接投资的方式，为非盈利性投资。
其三，完善的环保投融资机制。日本创建了比较完善的投融资机
制，将财政资金与贷款项目基金相融合，拓宽融资渠道，致力于
公害防治投资。其四，科学的环保投融资预测方法。环保投融资
机制的建立是环保工作顺利开展的保证，但是随着环保投入的加
大，部分国家仍然出现环保效率低下的状况，这与环保投资技术
的高低有较大的相关性，其中环保投资预测则是重要环节之一，
对环保投资进行科学预测，一方面有利于保证污染防治的资金支
持，另一方面有利于提高环保资金使用效率，提高环保效果。

表7.6   日本政府引导型环保投资基金

投资主体	国家投资	地方投资
基金性质	非盈利型基金	非盈利型基金
投资方式	直接投资	直接投资
投资领域	清洁能源开发与生产、能源利用、废物利用等	清洁能源
投资目的	支持清洁能源开发、利用及多元化	为地方带来环境和经济利益

三、科学的纵向转移支付制度

将日本的中央与地方财政收入和财政支出进行比较，发现20
世纪70年代以来，地方政府占据了全国财政收入的2/5，但同时
承担了全国财政支出的3/5，这导致了政府间事权与财权的严重
不平衡。因此，日本为了协调政府间财税关系，建立了政府间纵
向转移支付制度。日本中央政府对地方政府的转移支付方式主要

包括地方让与税、地方交付税和国库支出金，其中地方让与税和
地方交付税的目的是平衡地区间的财力差异，国库支出金则是中
央政府贯彻国家宏观政策的重要工具。地方政府获取的转移支付
是地方财政收入的主要来源，在表 7.7 所统计的年份里，来自中
央政府的财政转移支付占地方财政收入的比重均在 30% 以上。

表 7.7　　　日本地方政府来自中央政府的财政转移支付

转移支付项目	1983 年	2000 年	2005 年	2013 年
地方让与税（亿日元）	4881	6141	18419	23470
地方交付税（亿日元）	88685	214107	168979	170624
国库支出金（亿日元）	103972	130384	111967	118503
占地方财政收入的比重（%）	32.5	39.5	35.8	38.2

数据来源：〔日〕总务省自治财政局：平成 25 年度（2013 年）地方财政计划关系资料。

日本地方政府环境污染治理方面的转移支付主要来自于国库
支出金。国库支出金是一种带有附加条件的转移支付手段，中央
对其用途进行规定和监督，主要是用于国家范围的自然灾害、社
会保障、环境保护等领域。

第三节　德国的财政分权与环境污染治理经验

欧盟在环境污染治理方面也取得了较优秀的实践经验，以德
国为例。德国是联邦制国家，划分为联邦、州和地方（市镇）三

级政府，在环境污染治理领域，德国明确划分政府间财权与收入，形成了较为完善的环境税体系，构建了生态横向转移支付制度，大大地提高了环境污染治理效率。

一、政府间财权的合理分配

德国的财政收入主要来源于税收收入，包括专享税和共享税，以共享税为主。德国在联邦、州以及市镇政府间实行税收分配制度，体现出其财力适度集中特征。

表 7.8 中，2013 年共享税分享比例来看，联邦政府和州政府占据了较大的比重，以公司税和进口增值税来看，联邦政府和州政府共同分享了该两项税收，而市镇政府零分享，在个人所得税和利息税的分享中，只占 12% 左右。从环境事权来看，州政府和市镇政府承担了环保主要责任，而市镇政府的财政收入明显不足，与其事权不匹配程度较大，因此，德国构建了生态横向转移支付以解决地方政府环保事权与财权的不对等。

表 7.8 　　2013 年德国共享税在联邦、州及市镇政府之间的配置方式

单位：%

具体税种	联邦政府	州政府	市镇政府
个人所得税	42.5	42.5	15.0
公司利润税	50.0	50.0	—
增值税	53.2	44.8	2.0
利息税	44.0	44.0	12.0
进口增值税	41.4	58.6	—

资料来源：Bundesministerium der Finanzen, Finanzbericht, 2014.

二、完善的环境税收体系

德国的环境税属于联邦专享税，由联邦政府统一征收和管理，纳入联邦税收收入，再通过转移支付的方式拨款给州和地方政府，以落实环保政策。环境税收入是联邦收入的重要组成部分，以 2004 年为例，联邦政府征收环境税 696.7 亿美元，占当年税收收入的 7.3%。在 1999～2006 年，为了实现节能减排目标，德国联邦政府平均每年从环境税收入中拨付 1.7 亿欧元用于提高绿色技术，促进新能源的开发和利用。

德国环境税的发展大致经历了三个阶段：20 世纪 70 年代，依据"污染者付费"原则，体现为为补偿成本对排污者征收的相应税费；20 世纪 80～90 年代，各种具体的环境税种开始设置并具有较强的针对性；20 世纪 90 年代初，大力推行绿色财税政策，形成了较为完善的环保税费体系。

1. 拥有专门的环境税税目，税收目的明确

自 20 世纪 70 年代至今，德国环境税收经历了由零散、个别环保税种的开征，到逐渐形成较为完善的环境税收体系，涉及生态、环境威胁的各类环境税目。总的说来包含三个大类税目，即机动车辆税、石油税和包装税。环境税设置目的非常明确，致力于治理污染、节约资源，促进经济发展方式和居民消费方式的转变。

2. 环境税种类较多、涉及面广、针对性强

从 20 世纪 70 年代至今，德国逐渐形成较为完善的环境税收

体系，涵盖了涉及到环境威胁的各类环境税目：大气污染税、水污染税、固体废弃物税、噪音税等。德国在 1981 年就开始了对水污染税的征收，税率逐年增长，对约束和引导排污行为起着重要的作用。20 世纪 90 年代初，为了治理大气污染，提高环境质量，德国开始了对二氧化碳税（1990）、二氧化硫税（1991）、二氧化氮税、噪音税（1992）的征收，目的在于实现水、大气、声环境的防治。随后，为了保护城市和生活聚居环境，逐步开征了固体废物税和城市拥挤税。另外，提高其他相关税种的绿化程度，包括对汽油、柴油等征收消费税或增值税等，以达到防治环境污染的目的。

3. 合理的环境税征管方式

德国环境税主要是针对污染源或者产品征税，鉴于污染源不明确情形，直接对产品征税。比如，对于二氧化硫排放源不确定，则对含二氧化硫的产品征税。另外，针对不同的环境税，使用不同的征收方式，主要依据污染物直接排放量或者由于产品使用可能带来的污染物排放量来征收。比如，依据机动车废气排放量征收机动车税；根据污水排放量征收污水税等，这有利于改变企业生产方式和居民的消费行为，有利于节能减排。

4. 积极采用税收优惠政策

早在 1999 年，德国就开始推行了环境税减免措施。机动车税按机动车的污染程度分档次征收；在电税减免上面，对提供公共产品和公共服务所产生的电税予以 50% 优惠，对可再生能源生产和产生的电免除电税，其中，公共货车和铁路运输只负担电税（免除机动车税）①，此举有利于企业积极参与节能环保。

5. 环境税收入利用合理

德国环境税收入主要有两个用途：一部分用于环境基础设施投入、污染治理等环境保护投入，实现专款专用，这部分占据较大比例。另一部分通过奖励或返还方式给居民和企业②，这部分环境税收入主要用于降低工资中的附加费用、补贴养老保险，有利于降低居民的社会分摊金和养老保险费费率，减少居民和企业的资金压力和社会压力。

三、科学的财政平衡制度

德国是联邦制国家，各级政府具有独立的财政管理权，有明确的职责和支出范围，为了平衡政府间财政关系，德国建立了较完善的转移支付体系，包括纵向财政转移支付和横向财政转移支付，并且实现了两种途径的有效结合。其中，横向转移支付在实践中取得了较为成功的经验，值得我国借鉴。德国在其《财政平衡法》中规定通过衡量各州及各市财政收入能力，确定富裕及贫困等级，从而在州之间以及州内的各市镇之间实施横向转移支付。

1. 州级财政平衡

德国州级财政平衡是建立在增值税分享基础上的，将州级大

① 张丽，杜培林，郝妍. 环境税的国际实践经验及借鉴 [J]. 财会研究，2011（19）：20 – 22.

② 童锦治，朱斌. 欧洲五国环境税改革的经验研究与借鉴 [J]. 财政研究，2009（3）：77 – 79.

部分的增值税收入按各州人口对各州进行均等化分配以实现州级间财政的预先平衡；接下来对各州的财力指数与平衡指数进行测量和比较，划分出财力较好的州、财力较弱的州和财力自求平衡的州，以确定财政资金的流向及规模①。

2. 州内各市镇的横向转移支付

德国市镇之间主要是通过工资所得税在市镇之间的分配以平衡财政。德国《税收分解法》（1971）明确规定工资税及个人所得税、企业所得税均采用税收分解法，具体做法是：个人所得税与企业所得税均采用属地原则，对于拥有多家分支机构的企业而言，由总公司统一缴纳的职工工资所得税将划归纳税者的居住地财政局；由公司统一缴纳给所在地市镇财政局的企业所得税，必须划归给分公司所在地市镇的财政局。税收分解法解决了税收分配不公的问题，实现了税收横向分配。

德国完善的财政平衡制度，有效地解决了财政横向失衡问题。第一，健全的横向转移支付法律法规制度，明确规定各级政府的事权和财权，有利于转移支付制度更加公平化、规范化和透明化。第二，相关税收均等化共享制度，有利于税收公平，保障横向财力平衡。

此外，德国还非常重视环境教育，注重全方位的环保理念渗透。德国的环境教育从幼儿开始，让孩子们从小就有环保意识、并加强中学教育和大学教育；积极推动环境教育进学校、进社区，让居民体验环保，参与环保，体现出环境保护参与主体多元

① 赵永冰.德国的财政转移支付制度及对我国的启示［J］.财经论丛，2001（1）：35－39.

化的特征。在德国，地方教育部门承担公立学校的所有经费，教育部门通过实施"半半项目"政策实施环保教育，"半半项目"政策即学校通过教育学生节能环保为教育部门节省相关开支，而教育部门将节省费用的一半资金作为奖励发给学校，由学校自由支配，该政策有助于学生全面理解可持续发展理念。

第四节　国外环境污染治理经验的启示

一、加强环境立法，加大执法力度

加强环境立法，加大执法力度是环境污染治理的有力保障。主要从完善环境立法体系、确保环境立法主体多元化、提高环境监察能力和执法力度等方面着手。

（1）完善环境污染法律框架体系，构建公众参与法和环境损害赔偿等法律；设立环境污染治理专门法，确立污染者责任在环境污染治理中的核心地位；在《环境保护法》框架下建立完善相关制度，包括环境教育制度、污染救济制度等；借助经济杠杆促进污染治理经济政策的法制化。

（2）环保立法主体多元化。赋予各地区环保立法权限，发挥地方政府信息优势，针对具体情况实现环保立法，极大改善区域环境状况。同时，健全居民偏好表达诉求机制，激励和保障民众参与环境污染治理。

（3）加强环境执法及执法监督。依法授予环保部门环保执行权，加大环境违法惩处力度，集中开展专项整治活动。另外，对环境执法行为进行监督，建立环境执法监督机制，加强环保设施的有效运转，加强非工业污染问题的环境监管，规范排污费的申报和稽查，保障环境执法的有效进行。

二、构建有效的环境保护支出机制

在我国，环保财政预算支出在污染治理中起着非常重要的作用，完善政府间环保预算支出机制从以下 2 个方面着手：

（1）合理设定财政预算支出规模。转变我国预算收支规模重心，由"控制"转向"管理"，确保环保目标的实现。虽然目前我国的环保预算支出规模逐年增加，但是总量较小，这与环保预算收入有直接关系，完善环境税费体系，保障环保预算支出。同时，借鉴国外经验，形成政府、企业以及社会公众"共同但有区别的责任"的环保支出机制，有效保障污染治理与环境保护的实施；应用科学的环保预算收支编制方法，适时调整预算支出结构，提高预算精细化程度；构建完善的环保预算信息体系。完善预算信息披露机制和环保预算的监督机制，提高公众的参与度。

（2）完善环保投融资机制。采用政府主导型与风险型投资相结合的方式，促进环保投资主体的多元化。目前，我国的环保投资以政府主导为主，目的在于促进环保企业技术创新，推动环保产业的发展，但是单一的、缺乏竞争的投资方式所带来的投资效益往往是较低的。首先，我国仍然要充分发挥政府主导环保投资的作用，合理划分中央与地方的环保事权和财权，促进政府投融资效率的提高，另外，除了政府环保投资以外，采用财税政策等经济手段激励企业、非政府组织及个人加入环保投资，实现环保投融资主体多元化。其次，明确划分环保投融资主体的事权。合理界定政府部门、企业、非政府组织及个人的投融资领域，明确其权力和义务，真正发挥环保投资多元主体的优越性。再次，加强环保投融资资金的管理和使用。并参照国外科学环保资金预测方法及多样化运作模式，用市场化手段吸收更多社会资金；最后，改变我国的环保投融资资金使用由"末端治理"向清洁生产转变，致力于绿色技术的研发，培育和发展绿色产业。

三、完善环境税费体系

借鉴国外先进经验，建立合理的环境税费制度，进一步完善环境税费体系，充分运用经济刺激手段，有效的引导和规范广大市场主体的行为，是解决我国环境污染问题的重要一环。

（1）构建环境税收制度。通过法律、行政手段制定环境标准，并合理应用市场手段，以约束污染行为、防治污染治理。

（2）建立以环境保护、污染治理为目的的专门税种。建立针对大气污染、水污染、固体废弃物污染相应税种；促进排污费费改税，实现税收对污染行为的硬约束。

（3）完善税收优惠措施，充分调动企业和居民的环保积极性，促进环保主体多元化。环境税收收入专款专用，有利于增加环境税收收入、保障环境保护资金供给。

四、形成跨界污染治理模式

当前，我国跨界污染治理机制还未建立、污染治理模式还未形成，借鉴国外先进治理经验，构建我国的跨界污染治理体系。

（1）加快跨界污染治理立法进程。确保跨界治理管理机构的法律地位，促进区域联动、实现环境污染防治并重，激发各地区污染治理积极性。

（2）建立统一管理、责权明确的管理体制。协调区域间冲突，实现区域协调管理；建立跨界污染治理的监督约束机制，保障跨界治理的顺利进行。

（3）促进跨界治理投资运行机制市场化。把市场经济引入跨界污染治理中，使治理机构企业化，激励管理机构多途径融资，减轻政府负担。

五、完善政府间转移支付体系

借鉴美、日、德等发达国家的先进经验，加大我国转移支付力度，推动转移支付制度改革。

（1）完善一般性转移支付。合理对四大主体功能区的定位，明确划分转移支付标准和支付方式；拓宽重点生态功能区的转移支付范围，加强对限制开发区和禁止开发区转移支付力度。完善国家重点生态功能区转移支付政策，进一步拓宽资金补助范围、提高转移支付资金总量、确保转移支付资金专项资金定向用于环境保护。

（2）规范环境保护专项转移支付。加大环境保护专项转移支付力度，对环境保护专项转移支付项目进行分类、整合，在对专项转移资金进行分类、整合的基础上，规范专项转移支付资金的使用，各级政府转移支付资金分配做到信息公开透明，接受各利益主体的监督。

（3）构建环境污染补偿横向转移支付制度。从加强横向财政转移支付法律法规建设、完善地方政府间的横向财政转移支付模式、确定污染补偿横向转移支付范围等途径实现，是缩小我国东中西区域财政差距、协调中央和地方财政关系的有利补充。

第八章

财政分权下的地方政府环境污染治理的对策建议

　　我国的财政分权体制改革对中央和地方间的职责和权力范围进行了进一步划分，赋予了地方政府一定的税收能力和支出责任，地方政府能够自主决定其预算支出规模和结构，调动了地方政府发展经济的积极性；鼓励地方政府间竞争，有利于提高地方公共产品供给效率和公共服务质量。但是我国的财政分权呈现出政治集权、经济分权特征，导致地方政府对资本的过度竞争，忽视了非生产性领域的公共产品和服务供给；地方保护主义、资源配置效率低下、区域差距拉大等问题凸显。并且已通过实证分析证实了这一结论，财政分权在环境保护领域起着负面的影响作用。

　　因此，在中国式财政分权体制下，为了实现地方政府在环境污染治理中的财权与事权相匹配，激发地方政府在环境污染治理中的积极性与主动性，处理好经济增长与环境污染治理中的矛盾，需要从法律制度上界定环境污染有因果关系的各方的权利与义务区间，建立对污染者追责的立法体系；促成地方政府间统一治理的局面，形成环境污染的跨界治理机制；制定政府、企业、个人在环境污染治理中共同参与的制度，充分发挥社会监督的作用，提高环境污染治理效果，实现社会经济发展的经济利益与环境利益的兼容。

第一节　完善环境污染治理法律制度体系

我国目前已颁布了与环境保护、污染治理相关法律 30 余部，行政法规和部门规章百余部，其中与污染治理为主要内容的法律和行政法规 10 余部，初步构建了我国的环境污染治理的法律体系。但是现行的与环境保护相关法律主要是以实体法为主，程序法内容鲜有涉及，污染违法行为追责困难；另外，部分法律法规条款只对环境污染治理的处罚做出了原则性规定，对处罚内容及法律主体的权利和义务规定则很笼统，造成相关法律在执行过程中可操作性不强，社会监督不力等问题。因此，在提高地方政府进行环境污染治理的积极性的同时，还应完善我国相关的法律体系，并在法律框架下，建立与完善环境教育制度、污染者追责和污染救济制度等。

一、构建环境污染治理法律体系

从我国目前的环境污染法律框架体系构成来看，与环境污染治理效果较好的发达国家相比，缺乏公众参与法、环境损害赔偿法等法律。在涉及环境污染治理的专门法的设立来看，我国对环境污染治理的专门法太少，对于一些环境污染行为的惩处，还缺乏可操作的法律依据。因此，在财政分权体制下，要提高我国地方政府环境污染治理水平，需要构建完备的法律体系，让地方政府在环境污染治理中"有法可依"。

公众在环境污染治理中起到了重要的监督作用，国外发达国家十分重视公民在环境污染治理中的作用。如欧盟的"赤道规则"、美国环保局公众参与政策，日本给予公民对环境污染的知情权、议政权、监督权、索赔权等，都给公众参与环境污染治理以合法地位。而我国虽然对公众参与环境保护也做出了具体规定，但总体上看公众参与环境污染治理的立法层次低，缺乏足够的法律效力，公众参与环境污染治理的有效机制并未完全建立。

我国的《宪法》、《环境保护法》对我国公众参与环境保护做了一些原则性的规定，缺乏具体的实施细则；我国也制定了如《环境影响评价公众参与暂行办法》（2002）、《环境保护行政许可证暂行办法》（2004）、《环境保护公众参与办法》（2015）的管理办法，这些规定虽然对公众参与环境保护的权力、义务、参与途径、范围等做了较详细的说明，但是以上规范性文件大多是部门规章，法律层级较低，缺乏足够的约束力。因此，要推进我国环境污染治理的法律体系建设，应尽快对公众参与环保进行立法，出台一步专门的公众参与环境保护法，树立法律权威，从法律层面切实保障公民、法人和其他组织参与和监督环境保护的权利，明确公众环境保护的义务，畅通公众环保参与渠道。

公众参与法主要从以下三个方面切实保障公民的环境权利。第一，对目前涉及公众参与的行政法规、自行条例等规范性文件进行修订，避免与公众环境保护专门法之间的冲突或者重复立法。连接不完整、彼此冲突等缺陷。第二，明确公众参与方式和参与内容，提高公众参与的操作性。通过听证、参与调查等方式参与政策法规制定、监督违法行为、公益诉讼的方式。第三，明确公众参与环境保护的范围。从宏观方面来看，公众参与国家环保政策、战略方案，从微观方面来看，对水污染治理、大气污染治理、固体废弃物治理的基础设施建设项目和规划的参与。另外，对企业污染行为、政府的行政许可、行政处罚等具体行政行为的监督。

除了建立公众参与法以外，我国还应加紧制定环境损害赔偿法。发达国家在这方面积累了较为成功的经验，如美国的《超级基金法》将环境污染损害赔偿社会化，污染赔偿不仅局限于责任人，几乎涵盖了所有与污染有因果关系的各方，为美国对污染者追责提供了法律准绳；日本的《公害纠纷处理法》、瑞典的《环境损害赔偿法》、德国的《环境责任法》等都为公众参与环境污染治理提供了法律依据，提高公众参与积极性。结合发达国家在环境损害赔偿方面的经验，我国应加快制定环境损害赔偿法，明确环境损害赔偿范围和方式，为公民、法人、其他组织寻求环境损害赔偿的提供法律依据。

二、在法律框架下建立与完善环境污染治理的相关制度

要提高环境污染治理的效果，形成对与环境污染有因果关系的各方的追责制度，除了要制定完善的法律体系外，还应在法律的框架下建立与完善相关制度。

1. 在《环保法》的框架下建立完善环境教育制度

《中华人民共和国环境保护法》第九条赋予了环境教育的法律地位，其中环境教育主体包括各级人民政府、教育行政部门、

学校以及新闻媒体的环保宣传义务。因此，依据《环保法》，建立环境教育制度。首先，明确各级人民政府在环境教育中的职责。国务院环保部门对全国环保工作实施统一监督管理；县级以上地方人民政府环保部门，统一实施本行政区域的环保工作①。采取人民政府、环境教育领导小组、环境教育主管部门自上而下的三级环境教育工作模式，从统一实施到组织、协调、监督再到具体的环保教育具体工作。职责明确，合理分工，保障我国环保教育工作的顺利开展。其次，教育行政部门、学校的环保职责。教育行政部门、学校是实施环保宣传，开展环境教育工作的重要途径，构建完整的环境教育课程体系，注重环保教育师资力量的培养。就学校环保教育而言，借鉴德国、芬兰等国经验，形成从幼儿园到大学的环保教育课程体系，使环境教育贯穿整个学习生涯，使得学生从环境认知到环保意识的产生再到环保技能的掌握和应用。最后，新闻媒体的环保教育职责。作为学校教育的有利补充，新闻媒体对环保宣传起着非常重要的作用。明确广播电视、报刊杂志、互联网等媒体的环保宣传义务，加强对各类媒体环保宣传的监督；充分发挥新闻媒体对环保法律法规和环保知识宣传及对环境违法行为的舆论监督作用。从强化环保教育主体的环保责任角度出发完善环保教育制度。

2. 完善环境污染救济制度

我国目前尚未对环境损害立法，也没有建立专门的环境污染救济制度。依据《中华人民共和国环境保护法》对环境损害的民

---

① 中华人民共和国环境保护法第 9 条，第 10 条. 2014 年 4 月 26 日修订，2015 年 1 月 1 日起施行.

事责任和行政责任的规定，当前我国的环境损害救济途径主要是民事救济和行政救济。

（1）完善环境损害民事救济制度。民事救济这里主要针对环境侵权救济，主要有恢复原状、排除妨害、赔偿损失三种方式进行民事救济，目前的民事救济大部分是建立在过错赔偿基础上的，应该与受益人赔偿相结合起来，构成一个完整的民事救济体系，提高可操作性和环境损害修复效果。

（2）完善行政救济制度。对于环境违法行为，通常采用责令限期治理和罚款的行政手段，以增加污染行为的违法成本，有利于污染治理和环境保护。因此，完善行政救济手段，提高环境损害的救济的可操作性和针对性，针对当前采用的数值封顶方式所带来的环境损害修复效果不佳现象，通过修订相关法律的方式予以完善。例如，2015 年 8 月修订的《大气污染防治法》中取消了对造成大气污染事故企业事业单位罚款不超过 50 万元的规定，并增加了"按日计罚"的规定，这对行政机关履行行政责任、防治环境损害有重要作用。但是其他单行法或条例包括《水污染防治条例》罚款最高限额 100 万，《海洋保护法》最高限额 30 万等，虽然通过罚款等手段一定程度上减少了环境损害，但是这些数额与环境损害的修复成本相比，往往罚不及损，环境损害后果往往实际由社会买单，因此，建立社会化救济资金制度有其必要性。

（3）建立环境损害社会化救济资金制度。借鉴美国的超级基金制度，构建我国污染损害救济制度，是我国当前环境损害民事救济、行政救济的有效补充。首先，多方筹措资金。资金来源包括政府财政预算支出资金、来自于排污费及政府环境罚没收入的专项支出资金、对高污染排放企业按照每年收益的一定比例以保证金形式征收的资金和社会团体、个人捐赠形成的资金。其次，加强社会化救济资金的管理和监督。可以通过构建污染损害救助社会性机构、规定社会性救济资金的申请和使用、明确救济范围来实现。因此，将环境损害社会救济与民事救济、行政救济相衔接和协调，强化行为人的责任与损害均衡，提高环境污染防治成效。

第二节　推动地方财政体制改革

当前，我国地方政府在环境污染治理中的财权与事权不匹配，在现有的绩效考核体系下，地方政府更倾向于将资金投入到能为其带来短期政绩的项目上，而对环境污染治理这种短期收效不明显，带有公益性质的长期收益项目投资动力不足。因此，协调政府间的环境财权与事权关系，促进环境事权与支出责任相匹配，建立健全环保转移支付体系，对提高环境污染治理水平有着重要作用。

一、合理划分政府间环境财权

马斯格雷夫认为"只有政府财权和支出责任相匹配，财政分权才能够改善社会福利"，然而不同的地方政府由于其经济发展水平、环境污染状况不同，使得其财力和财权并不匹配，因此要建立以事权定财权、以财权保财力，以财力保事权的事权与财力相匹配的财税体制[①]（见图 8.1）。

---

① 李齐云等.建立健全与事权相匹配的财税体制研究 [M].北京：中国财政经济出版社，2013.

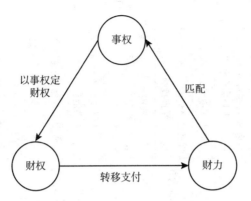

图 8.1　政府间事权与财力匹配运行机制

当前我国政府间环境事权依照的是中央与地方政府共担模式，中央政府负责环保法律和标准制定；地方政府负责地方环保标准制定和行政管理。中央政府与地方政府的财权主要来自于政府投入和市场投入，包括税费收益权、财力分配权和监督管理权（见表 8.1）。明确中央政府和地方政府间的财权划分，合理划分环境税费归属，对实现财权和事权相对称、明晰政府间环境保护支出责任与义务，提高环境污染治理效率、提高环境质量有着重要意义。

表 8.1 列出了我国当前中央政府与地方政府在环境污染治理中的财权形式、内容与使用去向。合理划分政府间财权，实现财权与事权的对等，明确政府间的环境污染治理的义务区间，由于环境污染治理主要由地方政府实施，首先需要保障地方政府的环保财权。为此：

1. 合理划分政府间财权

在当前政府间财权划分基础上，对政府间环境保护财权做进一步划分。中央政府与地方政府的环保财权主要来自于两方面：一

表8.1　中央与地方污染治理的财权划分

财权形式		中央政府		地方政府	
		具体内容	使用方向	具体内容	使用方向
政府投入	税费收益权	税收收入	约束和限制污染行业、鼓励绿色化产业发展	环境罚没收入和税费优惠	约束和限制区域内污染行业、鼓励环保产业发展
		非税收入及政府债券等	全国性重大环境基础设施建设、环保宣传与科研	政策融资（债券、贴息）	区域内环境基础设施建设
	财力分配权	中央本级环保预算	全国性重大环境基础设施建设、环保宣传与科研	地方政府环保预算直接拨款	区域环境监测、监察减排、环保宣传与科研
		构建转移支付体系（设立环保专项资金）	支持重点区域、重大污染事件的污染防治、环保技术研发和推广	设立专项环保资金	支持区域内的污染防治、环保技术研发和推广
	监督管理权	建立联防联控、财政补偿机制	支持重大污染事件补偿（大气污染、重要流域补偿机制）	建立污染综合治理机制	支持本区域污染防治及积极配合跨界治理
		实施财政环保绩效考评	监督财政环保资金使用绩效	实施辖区财政环保绩效评价	监督辖区内环保资金使用绩效
市场投入				企业自由资金投入	辖区内环境基础设施建设、污染防治
		企业贷款、发行债券、股票	重大环境保护基础设施建设、污染防治	企业贷款、发行债券、股票	辖区基础设施建设、污染防治
		10%的排污费、污染处理费	污染处理设施运营、重大污染事件处理	90%排污费、污染处理费	污染处理设施运营、污染处理

是政府投入，包括税费收益权、财力分配权和监督管理权。二是市场投入，主要来自于企业的直接投资，企业贷款、发行债券、股票和排污缴费、排污处理费等。

中央政府财权主要来自于税收收入、非税收入及政府债券，中央政府应将财力投入到约束和限制污染行业，防治重大污染事件、鼓励绿色产业的发展；并进行重大环境基础设施的建设；全国性的环保宣传以及环保技术的开发和推广等。中央政府还可以通过市场的手段获取财权，如：企业贷款、发行股票、债券收入和企业上缴的部分排污费用等，以更好地履行自己在环境污染治理中的义务。

地方政府财权主要来自于市场投入以及中央政府的转移支付。地方政府来自市场的财权包括直接投资、企业贷款、发行股票、债券收入和企业上缴的大部分排污费用等，主要用于辖区内环保基础设施建设、污染防治。地方政府财权来自于政府投入的财权包括环境罚没收入、税费优惠、政策性融资（债券、贴息）、中央政府的专项转移支付、地方政府环保预算直接拨款等。这部分财权主要用于约束和限制区域内污染行业、鼓励环保产业发展，区域内环境基础设施建设，区域环境监测、监察污染减排、环保宣传与科研和环保技术研发和推广。

2. 推动环境保护费改税，保障地方政府环境保护财力

当前，我国地方政府环境保护财力主要来自于市场投入中的排污费费用，我国《排污费资金收缴使用管理办法》（2003）规定，排污费专款专用，作为环境保护专项资金遵循属地化原则进入国库，按照 1∶9 的比例划分，其中 10% 划归中央预算收入，90% 划归地方预算收入，2003 ~ 2014 年，我国的排污费收入总

额达到了 1747.48 亿元，排污费已成为地方政府收入的重要来源。但是排污费存在着规范性、强制性不足，标准较低等问题，并且我国尚未构建以环境保护为目的的税种。因此，促进排污费改税，构建以环境保护为目的的环境税在我国具有必要性和重要性，由于环境保护地方政府承担主要事权，根据事权与财力相匹配原则环境税应该划分为地方税，或者以地方为主的中央与地方共享税①，以扩大地方政府环境污染治理的财力。

3. 加大政府环保预算支出，调整环保预算支出结构

2007 年，环境保护第一次列入我国财政预算支出科目，虽然我国环保支出规模从 2007 年以来一直呈持续增长的趋势，从整体来看规模较小，与实现环境污染治理的要求还有很大差距。因此，要扩大环保预算支出规模，构建政府财政环保支出内生增长机制，提高财政环保支出占国家财政支出的比例，并将政府当年新增财力向环保投入倾斜；要求各级财政环保预算资金的增长幅度持平或高于同期财政收入等。除了增长环保财政支出规模以外，还需调整环保预算支出结构。结合我国当前环保领域的突出问题，将环保支出项目进行科学分类，可以将所有项目分为 4 个大类：环境保护管理支出类包括环境保护管理事务、环境监测与监察等项目；生态建设类包括自然生态保护、天然林保护、退耕还林、风沙荒漠治理、退牧还草等项目；污染防治类包括污染防治和污染减排；节能/再生资源类包括能源节约利用、污染减排、可再生能源、资源综合利用、能源管理事务以及其他环保支出。

---

① 田淑英，许文立. 我国环境税的收入归属选择 [J]. 财政研究，2012 (12)：18 – 21.

其中污染防治类中合并污染防治和污染减排项目，设置环保基础设施投入项目、环保设施运行费用项目、污染减排项目等。在科学分类基础上，适合调整预算支出项目比例。继续加大污染防治和生态建设投入，实现末端治理与前期预防有效结合，从根本提高环境质量。不管是环保预算支出规模还是支出结构都应该确保其动态性特征，应该随着环境质量以及环境问题的变化而适时的做出调整。

4. 加大环境污染治理投资

虽然近年来我国环境治理投资总量呈增长趋势，到 2013 年，我国环境治理投资总额为 9516.5 亿元，占 GDP 比重为 1.6%。发达国家环境污染治理经验表明，一个国家其环境治理投资占 GDP 比重达到 2% ~ 3% 时，环境质量才能得到改善。因此，要通过治理环境污染来改善我国的环境质量，必须增加环境治理投资，增加政府预算支出投入规模和使用范围，以节能环保产品为例，除了增加在环保技术研发和环保产品生产领域的投入以外，还应加大环保产品销售、使用、回收等方面的投入，实现对环保产品生命周期的投入。在增加政府直接投资同时，还应激励和规范社会资本的投入，按照污染者付费的原则，提高企业自筹资金比例，建立奖惩机制，提高企业参与环境污染治理的积极性，还可以按照环保投资收益的原则，鼓励社会资金的流入，形成以政府为主导、企业为主体、全社会积极参与的环境治理投资主体多元化格局。

二、促进环境事权与支出责任相匹配

长期以来，我国政府间的环境事权划分不明，一些理应由中央政府承担的污染治理责任划给了地方，同时，一些由地方治理的环境问题又让中央承担了支出责任，这种状况造成了政府间在环境污染治理问题中的责任错位。因此，明确划分中央政府与地方政府在环境污染治理中的事权，是确定其支出责任的基础。中共十八届三中全会指出要建立政府间事权和支出责任相适应的制度，为明确我国中央与地方政府间环境事权的划分指明了方向。结合我国环境污染治理的实际，明确中央政府与地方政府之间的环境污染治理事权是提高我国环境污染治理水平的基础，政府应做好环境保护的宏观调控；提供环境保护的公共物品和公共服务；加强环境保护的市场监管和调节等职能[①]，中央政府与地方政府之间在环境污染治理中也要有明确的责任划分，见表8.2。

表8.2 中央和地方污染治理事权划分

中央政府	地方政府
（1）实施环境立法、建立全国性的环境保护制度、制定全国性环境保护标准、编制中长期环境规划、加强全国性的环境保护事务管理	（1）制定辖区污染治理规划、地区性环保标准的制定和实施、构建地区环保绩效考核体系
（2）负责具有全国性重大污染防治事务，包括污染转移、跨界治理工作的防治	（2）辖区内环境污染治理：如废弃物无害化处理；区域性环境保护和改善
（3）负责具有较大外溢性和较强公益性的环境基础设施建设投资，加强重点流域、大气、固体废弃物污染防治的投入	（3）辖区内环境基础设施建设：如污水处理厂投资、建设、营运，大气质量监测站等防治设施投入

---

① 逯元堂等. 环境保护事权与支出责任划分研究 [J]. 中国人口·资源与环境，2014（11）：91-96.

中央政府	地方政府
(4) 国家环境管理能力建设：对全国环境保护的评估、规划、宏观调控和指导监督；涉及国家环境安全的国际界河保护；加强区域、流域环保工作的协调和监督	(4) 地方环境管理能力建设：环境执法、环境监测、环境监督等，提高跨界污染治理能力
(5) 组织开展全国性环境科学研究、环境信息发布以及环境宣传教育	(5) 辖区内的环境信息公开，环境保护宣传和教育
(6) 促进环境公共服务均等化、完善环保专项财政转移支付	(6) 强化环保理念、加大污染治理投入的规模，提高污染治理效率

从表 8.2 中可以看出，中央政府主要承担全国性环境保护事务的监督和管理事权，包括环境保护宏观调控、环保统一规划和管理；负责全国性重大污染防治事务的监督和管理；负责具有较大外溢性和较强公益性的环境基础设施建设投资；国家层面环境管理能力建设；开展全国性环境教育与环境科学研究；促进环境基本公共服务均等化，完善环保专项转移支付等事权；地方政府负责辖区的环境保护事务，包括辖区的环保规划、环保标准制定、污染治理与环保事务的监督与管理。当然，关于跨流域、跨区域重大环境问题评估、重大规划实施与重大项目建设等环境保护事务属于中央与地方政府事权共担领域，统一规划，合理分担。中央政府负责环境问题规划和评估，通过转移支付交由下级政府承担具体的支出责任。

三、建立和健全环保转移支付体系

近年来，我国中央转移支付中一般性转移支付得到强化，占比不断提高，而专项转移支付所占比例则逐渐下降。中央财政转移支付结构的变化将会影响地方政府环境污染治理动机。因此，要进一步完善一般性转移支付制度和规范专项转移支付制度。

1. 完善一般性转移支付

一般性转移支付是中央政府以支出责任为依据，对有财力缺口的地方政府给予的补助，以促进地区间基本公共服务均等化的实现，主要包括均衡性转移支付、财力性转移支付、义务教育转移支付等。2007 年《国务院关于编制全国主体功能区规划的意见》提出增加对优化开发区域、重点开发区域、限制开发区域和禁止开发区域四类主体功能区的财政转移支付，根据不同主体功能区实施差别的转移支付的标准、规模。我国一般性转移支付偏向国家重点生态功能区的建设，弱化限制开发区域和禁止开发区域，而较少考虑到环境污染治理的因素，而且我国一般性转移支付政策存在着资金分配的范围偏窄、转移支付资金量偏低、资金使用方向不明确等问题①，需要从以下三个方面来优化中央政府一般性转移支付。第一，合理对四大主体功能区的定位，并明确划分标准和支付方式。第二，拓宽重点生态功能区转移支付范围，加大对限制开发区和禁止开发区转移支付力度。第三，完善国家重点生态功能区转移支付政策。进一步拓宽资金补助范围；提高转移支付资金总量；明确转移支付专项资金定向用于环境保护。

2. 完善环境保护专项转移支付

环保专项转移支付是指中央政府针对当前的环境问题，为了

---

① 逯元堂. 中央财政环境保护预算支出政策优化研究 [D]. 北京：财政部财政科学研究所，2011.

促进污染防治，提高环境质量，对地方政府的环境保护事务进行支持或补偿而设立的专项补助资金，并规定该专项资金只能用于污染防治、生态保护等环境保护领域。地方政府环境污染防治的政府投入依赖于中央政府专项转移支付，因此，完善环保专项转移支付制度有利于保障地方政府环境保护事务。为此：

（1）加大环境保护专项转移支付力度。财政分权改革以后，地方政府承担着环境保护的主要事权，包括辖区环境保护法律法规的构建、污染防治、环境宣传、行政管理等，当前我国中央政府对地方政府的环保转移支付主要是专项转移支付，并且从2014年开始环境保护专项转移支付总额呈下降趋势，地方政府呈现出事权和财权的极大不匹配，因此，合理调整中央政府专项转移支付结构，加大环境保护专项转移支付力度，保障地方政府环境保护财力。

（2）对环境保护专项转移支付项目进行分类、整合（见表8.3）。归并重复交叉的项目，适时增加相关项目以应对污染治理瓶颈和解决新的环境问题。在环境保护专项转移支付中，存在着重复和模糊不清的项目分类，比如污染防治和污染减排，污染防治包含污染减排，存在着重复交叉的问题，不利于资金拨付、使用和考核。另外资源的综合利用项目模糊不轻，应具体到大气、水、固体废弃物等的综合利用，并且与能源节约利用、可再生能源（款）存在着重复交叉情况。本书对专项转移支付分类项目采取以下修正途径：第一，整合重复交叉项目。目前，我国环保专项转移支付将项目划分为12类，其中一些项目存在着重复交叉的情况，将其整合为5大类，分别是第一类为环境检测与监察，第二类污染防治，将污染防治与污染减排项目整合为污染防治类，第三类生态保护类，将自然生态保护、天然林保护、退耕还林、风沙荒漠治理、退牧还草项目整合为生态保护类，第四类能源节约利用（款）类，将可再生能源、资源综合利用项目整合为能源节约利用（款）类。第五类其他环保支出（款）类。对专项转移支付的合理、科学分类，有利于提高该项目的操作性，节约资金，提高执行效率。第二，新增缺失的项目。增加目前缺少的和新出现的环境问题项目。包括重大污染事项防治（款），环保技术研发及推广（款）、跨界污染治理（款）等。

表8.3　　　　　　　环境保护专项转移支付项目调整

当前的专项转移支付项目	整和项目	应新增项目
环境检测与监察	环境检测与监察	
污染防治	污染防治（污染防治、污染减排）	重大污染事项防治（款）
自然生态保护	生态保护（自然生态保护、天然林保护、退耕还林、风沙荒漠治理、退牧还草）	环保技术研发及推广（款）
天然林保护		
退耕还林		
风沙荒漠治理		
退牧还草		
能源节约利用（款）	能源节约利用（款）（可再生能源、资源综合利用）	跨界污染治理（款）
污染减排		
可再生能源（款）		
资源综合利用（款）		
其他节能环保支出（款）	其他节能环保支出（款）	

（3）在对专项转移资金进行分类、整合的基础上，规范专项转移支付资金的使用，各级政府转移支付资金分配做到信息公开透明，接受各利益主体的监督。

3. 构建环境污染补偿横向转移支付制度

目前，我国政府间的转移支付主要采用的是自上而下的纵向转移支付模式，地区间的横向转移支付不足。横向财政转移支付是指同级地方政府间发生的资金转移，一般是指由发达地区向欠发达地区提供的财政资金援助。当前，国内外学者研究较多的是生态补偿转移支付，即地方政府间财政资金是通过生态补偿的形式进行的转移。生态补偿广义上包括对污染环境行为收费和对生态功能的补偿；狭义上是指对生态功能的补偿。目前，我国的政府间的转移支付主要采用的是自上而下的纵向转移支付模式，地区间的横向转移支付不足。因此，本书是从广义上来探讨生态补偿问题，并且着重探讨环境污染补偿横向转移支付问题。

2010年，中国开始了《生态补偿条例》（以下简称《条例》）的起草工作，《条例》以生态补偿及污染补偿为主要内容，目的在于构建生态补偿机制，促进环境保护。目前，由中央政府主导，以地方政府为主体的对口支援、生态补偿等政策性行为，均具有由经济发达地区向经济不发达地区资金转移的特征，是我国横向财政转移支付的最初探索，但是至今，我国生态横向转移支付制度尚未形成。因此，从以下三个方面入手加强我国横向财政转移支付制度建设。

（1）加强横向财政转移支付法律法规建设。将横向转移支付制度写入《中华人民共和国预算法》，明确中央政府与地方政府之间、地方政府间的转移支付关系。另外加强和完善政府行政法规和部门规章，对地方政府间横向转移支付的方式、程序、范围及标准做出明确规定，加强地方政府间横向转移支付的协调和监督，实现地方政府横向财政转移支付法制化和规范化。

（2）完善地方政府间的横向财政转移支付模式。构建中央政府主导下的地方政府协商的横向转移支付模式，即中央政府通过制定相应法规、政策指导和约束发达地区向落后地区的转移支付，以平衡地区间的财政能力。地方政府间基于生态补偿进行协商而实现横向财政转移支付模式。

（3）确定污染补偿横向转移支付范围。依据污染者付费原则和污染防治收益原则，对地方政府间关于大气污染、水污染、固体废弃物污染的防治进行横向转移支付；包括省际和省内各市之间的转移支付。首先，省际间的横向污染补偿转移支付。以大气污染防治为例，我国目前已建立京津冀及周边地区大气污染防治联防联控体系，2013 年 9 月，国家环境保护部、发展改革委等六部委联合印发的《京津冀及周边地区落实大气污染防治行动计划实施细则》，《细则》规定相关地区加强对散煤、机动车、秸秆焚烧的协同治理，包括污染行业治理、淘汰落后产能、深化面源污染治理等等，但是这些行为所带来的资金投入或者资金损失、以及大气污染转移的资金补偿在细则中并未提及。因此，确定横向转移支付范围，以大气污染防治的资金投入补偿以及收入损失进行补偿；界定污染转移，对污染转移接收方进行资金补偿。其次，省以下的各级政府间的横向转移支付通过设立空气质量生态补偿金的形式实现，即根据各市的大气污染情况进行资金奖补或征收。2014 年山东省设立环境空气质量生态补偿金，对省内大气污染质量得到改善的各市进行奖补，对大气污染恶化的城市征收生态补偿金，这种方式就是各市之间横向生态补偿转移支付，有利于激励各市致力于大气污染治理，提高山东省大气质量。因此，可以将山东省横向空气质量生态补偿转移方式的经验用于水污染、固体废弃物污染防治领域，并逐步向全国推广。

第三节　构建地方政府环保绩效考核机制

环境污染治理的实施者主要是地方政府，要提升环境污染治理效果，需要构建地方政府的环保绩效考核机制，将环境保护的相关指标纳入到地方政府的绩效考核中，并将这些指标作为衡量地方政府政绩的主要指标之一，是提高污染治理效率的重要途径。

一、地方政府环保绩效考核主体多元化

目前我国地方政府绩效考核主要来自于内部考评包括地方政府环保绩效的自我考评以及上一级主管部门的考评，而外部考评包括公众、媒体以及第三方机构等非常缺乏。地方政府官员是地方共同利益的代表者，其环境保护行为具有明显的利益指向，而与此利益相关还有公众、媒体等。因此，为了确保环保考评结果的客观性和公正性，应该将内部考评与外部考评结合起来，构建环保绩效考核的多元主体机制。

1. 内部考核主体

其一，地方党政领导的自我考核。包括对环保理念、环保过程和环保结果的考核。其二，上一级政府主管部门对地方政府环保绩效的考核。依据权责对等的原则，听取地方政府官员的汇报，结合考核标准和内容，提出有效的解决方案，并根据具体情

况不断的修正考核标准和内容，提高其操作性和可行性①。

2. 外部考核主体

外部考核主体包括第三方考核机构、公众、媒体等。第三方是指独立于地方政府部门之外的专业评估机构，第三方机构能够客观地分析问题，得出公正、针对性强的结论。另外，公众、媒体都是利益相关主体，分别站在自己的立场对地方政府环保的态度、环保实施的效果进行反馈，有利于完善地方政府环保绩效靠体系，提高环保水平。

二、科学设计地方政府污染治理考核指标

1999年，国家环保总局、人事部、中组部开始探索将环保指标纳入政府绩效考核体系，2009年实施的《体现科学发展观要求的地方党政领导班子和领导干部综合考核评价（试行办法)》中将环境保护设为评价要点，但没有具体指标，地方相关部门需自行设计。在明确环保考核指标在整个政府绩效考核指标中的地位的基础上，合理设计环境保护考核指标，环保指标纳入政府政绩考核体系，有利于强化政府官员的环保理念，树立科学的政绩观。

各地方政府在设计环保指标时除了全国统一环保指标以外，还应考虑到各地区不同的资源环境承载能力和发展潜力。首先，确定各地方政府必须达成的统一硬性指标，比如绩效考核

---

① 周景坤，陈季华，刘中刚．地方党政领导环保绩效考核的多元化主体 [J]．环境保护与循环经济，2008，28（12）：56-57．

中环境保护指标所占权重在20%以上、环境保护法规及部门规章完备情况指标、污染物总量控制指标、环境质量变化指标、"三废"综合利用率指标、公众满意度在80%以上等指标，其次，各地区根据不同的资源、环境及经济发展水平不同，在统一的硬性指标的基础上设置具体的符合地方政府特色的环保指标（见表8.4）。

表8.4　　　　　　　地方政府环境保护考核指标设计

统一指标	具体指标
环保指标占政府绩效考核权重的20%以上	环保指标占政府绩效考核指标权重（地区差异）
环境保护法规及部门规章完备情况	环境保护法规及部门规章是否完备
污染物总量控制	"三废"去除率、"三废"治理达标率
	污染排放强度
环境质量变化	PM2.5浓度下降指标
	水质PH值指标等
"三废"综合利用率	废气综合利用率
	废水综合利用率
	固体废弃物综合利用率
公众满意度80%以上	公众满意度

表8.4是针对污染治理成效指标的设计，还应该将其与地方政府环境监管等指标相结合，促进地方政府污染的有效治理。另外，各地方环保部门在制定环保指标时充分考虑环境问题的区域性、动态性和外溢性，适时的修正和完善考核指标和执行标准。

第四节　完善环境保护税费体系

税费政策能够改变经济主体的选择，政府可以通过税费政策引导企业、消费者做出保护环境的理性选择，从而达到减少环境污染，实现环境污染治理的目标。环保税费包括环保税收和环保收费两个部分。国内外学者关于环保税的研究很多，但是到目前为止还没有统一的概念。理论界主要是从广义和狭义两方面对其进行的定义：广义上的环保税又叫绿色税，是指具有环境保护特征的、促进生态修复、污染防治的税收的总称；狭义上的环保税是指环境污染税，即国家以排污者付费、污染投入受益为原则，针对环境污染的特定行为所征收的税种①，本书所称的环保税属于环保税狭义范畴。关于环保费，环保收费是一种政府收费，是政府为了治理和改善环境而针对企业或个人污染、损害环境行为所征收的费用，环境收费用于改善和修复环境等特定用途，在此所指的环保收费主要指排污费征收。

一、推进环境保护费改税，开征环境保护税

目前为止，我国还未正式出台环境保护税，所征收的与环境保护相关的税收主要是资源税、消费税、企业所得税、车船税等，以上税收收入上缴国家，国家通过政府预算支出和转移支付用于环境保护，但是难以形成环境污染治理的专门收入。2015

---

① 饶立新. 绿色税收内涵研究 [J]. 价格月刊，2003（9）：27－28.

年 6 月 11 日，国务院法制办公室发布了《中华人民共和国环境
保护税法》（征求意见稿），标志着我国环境费改税进入了实质
性阶段。环境保护费改税，有利于保障环境保护财政资金供给，
有利于实现环保公共政策目标。在环境保护费改税中，关键在于
将现有的环保收费进行清理和规范，开征专门的环境保护税，实
现环境费改税。因此，要加快环境保护税立法进程，在《中华人
民共和国大气污染防治法》、《中华人民共和国水污染防治法》、
《中华人民共和国固体废弃物污染防治法》等单行法律的基础
上，借鉴国外发达国家的优秀经验，出台我国的环境保护税法，
对环境保护税的税目、纳税人、征税依据、税收优惠及税收征管
等做具体规定①（见表 8.5），确定环境保护税征管和归属。

　　环境税主要由现行的排污费改税，体现出较明显的污染治理特
征。以下对环境保护税征收范围和税收征收权限做一下特别说明：

　　（1）在征收范围上。环境税试点初期，可以先以大气污染
物、水污染物、固体废弃物、噪音为税目，然后再逐步扩大征收
范围。借鉴排污费的相关规定，关于废气类征税，对二氧化硫和
氮氧化物等大气污染物排放的行为和产品进行征税。关于污水
类，水污染税的纳税人主要为污水排放的单位，以水污染排放行
为和产品为课征对象。在对固体废弃物征税方面，为减少对环境
带来的污染风险，将工业固体废弃物和危险废物纳入征税范围。
开征噪音税，对环境噪声污染超过噪声排放标准的，按照噪声的
超标分贝数计征。另外，对城镇污水处理厂和城镇生活垃圾处理
厂的污染排放行为征税，这有利于解决处理工厂污染物排放征收

---

　　①　财政部，税务总局，环境保护部．中华人民共和国税法（征求意见稿）［Z］．
2015（6）．

上的真空问题[①]，提高污染物处理技术水平。

（2）在税收权限设置上。地方政府应该被赋予在一定情形下决定增加应税污染物的种类以及环保税税率上调等权限[②]，为了避免地方政府环保行为的扭曲，中央政府仍然保留制定地方税收优惠政策的权限。中央政府相关环保权力的下放，有利于地方政府因地制宜，提高环保水平，实现环境保护税的调控目标（见表8.5）。

表8.5　　　　　　　　环境保护税税制设计

税目	纳税人	课税对象	计税依据	税收优惠	税收征管
大气污染物（二氧化硫、氮氧化物）	向环境排放污染物的单位和个人	排放二氧化硫、氮氧化物的环境污染行为和产品	应税大气污染物排放量和浓度	免税：农业生产排放的应税污染物；流动污染源排放的应税污染物；税收减半：纳税人排放应税大气污染物和水污染物的浓度值低于国家或者地方规定污染物排放标准50%以上，且未超过污染物排放总量控制指标的[③]	应税污染物排放地的主管税务机关；征收的税款专款专用
水污染物	有排放水污染物行为的单位和个人	水污染排放行为和产品	水污染物排放种类、排放量和浓度		
固体废弃污染物（工业废弃物和危险废弃物）	向环境排放污染物的单位和个人	产生固体废弃物的行为和产品	固体废物的体积和类型		
噪音税	向环境排放污染物的单位和个人	产生噪音的行为	噪音的排放量（对超过一定分贝的特殊噪声）		

---

① 张蕊. 环保税来了污染会走吗？——专访环境税法专家许文 [J]. 中国财政，2015（10）：33－36.

② 丁芸. 我国环境税制改革设想 [J]. 税务研究，2010（1）：45－47.

③ 财政部，税务总局，环境保护部. 中华人民共和国税法（征求意见稿）[Z]. 2015（6）.

二、清理和规范环境保护费

目前，我国排污收费征收范围主要包括废水、废气、固体废弃物以及噪声污染四大类，主要是针对生产领域，而大部分生活领域所产生的污染还未被纳入排污收费制度之中。随着城市化程度的提高，生活污染逐渐对环境构成威胁，在环境税设置初期，在排污费制度的基础上促进废水、废气、固体废弃物费改税，而对于缺乏税费征收基础的生活领域污染，可以对其先采取收费方式，此后再逐步纳入环境税体系。因此，完善城镇生活垃圾处理收费，将生活污水、汽车尾气纳入环境费征收范围，进一步减少生活污染。

1. 规范生活垃圾处理费

目前，我国大部分地区制定了生活垃圾处理收费制度，生活垃圾处理费主要有三种征收方式：定额用户收费、按水量收费和计量收费。定额收费主要是指对单位或个人按月或年度征收统一标准的垃圾处理费。大部分城市选用定额收费方式，但是代征单位各有不同，其中南京、合肥、太原、成都等由供水公司代征，重庆、西宁、广州等城市的生活垃圾处理费由燃气公司代征。水量收费是指采用水消费系数计收生活垃圾处理费[①]，与污染排放并无直接相关关系，我国一部分城市采用此种方式，包括中山、海口、蚌埠、台北等城市。计量收费是依据每户产生的垃圾数量

---

① 马本，杜倩倩. 中国城市生活垃圾收费方式的比较研究 [J]. 中国地质大学学报，2011，11（5）：7-14.

按照一定的收费标准征收垃圾处理费，收费金额与垃圾排放量直接相关，符合"污染者付费原则"，但是由于垃圾数量较难度量，我国较少城市采用此方式征收生活垃圾处理费。综合以上三种方式的优缺点，我国目前宜采用定额收费方式，各地区统一代征单位，提高征收率。另外，随着新农村建设的推进，人们生活水平不断提高，农村生活垃圾排放量逐渐增加，因此，在加大对农村污染治理投入以及完善城镇生活垃圾收费制度的基础上，应着手制定农村生活垃圾收费制度，强化农村环保意识，以维护和提高农村环境保护水平。

2. 征收汽车尾气排放费

近几年，我国大部分地区被雾霾笼罩，严重威胁到居民的日常生活。有研究发现，汽车尾气的排放是雾霾形成的主要原因之一，因此，减少汽车尾气的排放，是提高大气质量的重要途径。目前，我国大部分城市，包括北京、上海等城市出台了汽车限行等政策，并且一部分城市为了减少车流开始征收交通拥堵费，但是到目前为止，并没有专门针对汽车尾气排放的收费，因此，有必要将汽车尾气排放收费纳入环境费制度中。由于汽车尾气污染源分散，环保部门征收成本较大，可以采用以下方式征收：根据每一辆车在一年内的行驶里程计算尾气排放量，根据排气量的大小采用差别费率计算，由交通管理部门在对机动车进行年审时代征。

3. 对生活污水征收处理费

生活污水排放是污水排放的重要来源，但是由于生活污水排放不易计量，可以在对居民生活用水征费的同时加征一道污水排放费，根据居民每月或每年的用水量按照差别费率由供水公司代征。目前，部分城市已经建立了生活污水收费制度，例如安徽省蚌埠市，将生活污水计入水价中，根据生活用水量实行差别计费，居民生活用水类污水处理费按照 0.6 元/立方米征收，工业和集贸市场污水处理费为 0.7 元/立方米，经营类用水征收 1 元/立方米污水处理费。此举有利于提高居民的环保意识，促进节能减排，可在全国推广。

在扩大和规范环境保护费征收范围的同时，还应规范收费行为、合理制定征收标准，加强费用监管。在征收标准制定方面，将收费标准的制定权下放给地方政府，各省级政府根据地区经济发展水平、环境污染和治理状况制定收费标准。确定环保部门为环境费征管主体，同时可以组织相关部门配合环保部门征收，以降低征收成本和提高征收效率；将环境费纳入当地政府的财政预算之中，专款专用。另外，加强环保部门队伍的建设，严格执行收费标准，加大执法力度。

三、绿化现行税制

绿化税制是指一个国家的税收制度体现出环境保护特征，调整税收种类及调控范围，构建绿色税收体系；依据"污染者付费原则"，促使环境外部成本内部化，实现经济、环境的协调发展。目前，我国尚未形成以环境保护为主体的绿色税制体系，借鉴国外发达国家的优秀经验，结合我国实际，采取循序渐进的方法，在加快开征环境保护税的基础上绿化现行税制，包括资源税、消费税、企业所得税、增值税、车辆购置税、车船税及其他与环保相关税种，以上所提到的我国现行税收已初步体现出"绿色化"特征，体现在对资源节约、可再生能源建设、资源综合利用、污染减排行为及产品等施以税收优惠为主的税收政策上；当然，绿色税制除了实施绿色税收政策以外，对税收的税目、税率、征收方式等也要做相应的调整，以资源税和车辆购置税为例。

绿化资源税，保护生态资源。首先，扩大资源税的课税范围。将水资源、旅游资源、牧场资源、地热资源等稀缺资源、不可再生资源、供给缺乏资源、再生周期较长资源等纳入征税范围，控制资源过度消费行为。其次，根据不同特征税目，实施差别利率。对"绿色"能源、可再生资源实行低税率，对稀缺资源、不可再生资源实行高税率。最后，采用比例税率与定额税率相结合的方式。按照需求量的大小和价格的稳定性来确定税率方式，对于需求量不断扩大资源产品实行比例税率，包括石油、天然气、水资源等；对于需求量、价格比较稳定的，用于居民消费的资源产品实行定额税率，包括盐、森林资源等实行定额税率①。

绿化车辆购置税，提高居民的环保意识。车辆购置税是以汽车、摩托车、电车、挂车、农用运输车为课征对象的一种财产税。绿化车辆购置税，主要从加大车辆购置税力度，设置差别累进税率入手。改变现行的统一比例税率，对新能源车等小排量车实施实行低利率，对大排量的应税车辆实施高税率，对不同排量车型设置有差别的累进税率，将目前的单一比例税率设置为五档：0.8~1.0L 税率为 3%，1.1~1.6L 税率为 5%，1.7~1.9L

---

① 安体富，蒋震. 我国资源税：现存问题与改革建议 [J]. 涉外税务，2008（05）：11 – 14.

税率为 7.5% ，2.0 ~ 2.9L 税率为 10% ，3.0L 以上税率为 15% 。

另外，在对现行税制进行绿化的同时，要与即将新开征的环境税相协调，特别是资源税中的水资源、部分生态资源等课征对象与环境保护税中的税目相重叠，为避免重复征税，以环境税税目为基准，停征资源税重复税目。

第五节 实施地方政府环境污染跨界治理

当前，我国的跨界治理主要包括跨行政区治理、跨公私合作伙伴治理、跨部门治理三种形式①，本书所研究的环境污染跨界治理是指跨行政区域治理或区域性的环境污染问题。由于环境污染治理的整体性特征的存在，要解决环境污染治理问题，需要促进相邻行政区的合作及协同行动，才能降低环境污染治理成本，提高治理能力。实现环境污染跨界治理需具备三个基本条件：构建环境污染跨界治理机构和跨界治理机制；引导区域间的合理竞争；合理划分市场与政府的边界，形成政府、企业、第三方治理的多中心治理模式。

一、建立环境污染跨界机构

借鉴美国跨界污染治理的成功经验，构建我国污染跨界治理的专门机构，成立跨界污染治理管理区，明确划分专门机构的权力与义务，见图 8.2。

---

① 陶希东.构建跨界治理模式 [N].学习时报，2014 (6).

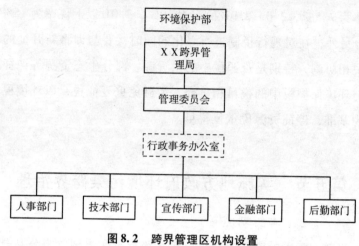

图 8.2　跨界管理区机构设置

　　构建跨界治理机构是实施污染跨界治理的先决条件，因此，按照统一领导、共同治理、合理分工的原则，设置直线职能制机构。在环境保护部下设污染跨界管理区，管理区设置最高领导机构跨界管理局，对环境保护部负责，在跨界管理局下设管理委员会，管理委员会主要负责确定跨界管理范围、制定规章制度、跨界管理区事务的统筹规划、资源协调、解决区域纠纷以及人员任命等。管理委员会直接领导各职能部门（人事部门、技术部门、宣传部门和金融部门），其中行政事务办公室是一个综合协调部门，起到一个承上启下的作用，辅助管理委员会的相关工作，为管理委员会提供决策支持，负责协调信息传递与职能部门关系。人事部门负责人事管理、团队建设；技术部门主要负责环境监测、技术研发、资源普查等事项；宣传部门负责解读规章制度、污染治理宣传、信息发布等事项；金融部门则主要负责资金管理包括资金预算、决算以及资金运营；后勤部门负责后勤保障。

二、完善环境污染跨界治理的运行协调机制

为了提高跨界环境污染治理效果，需要建立、完善跨界治理机构，寻求多方利益的共同点，设定统一目标和应急处理机制，加强行政区划单位之间的协调，引入公众参与机制与社会监督机制等。

（1）建立起政府间跨界环境污染治理合作机制。由于跨界治理涉及到不同行政区划单位，政府之间的协调对于跨界治理有着重要意义。这种协调包括纵向协调与横向协调两个方面：从纵向上来看，中央政府指导环保部门建立起省际协调与督促机制，省级政府指导相关市级政府及部门建立市级的协调与监督机制，保证涉及到跨界环境污染问题的行政单位能够及时有效地对污染问题做出统一行动；协调好中央政府和地方政府之间的财权和事权，上级政府对下级政府的环境污染治理绩效进行合理认定，有效激励下级政府跨界治理行为；从横向上来看，对地方政府之间在跨界污染治理中的目标与利益，行动时间、计划等方面进行协调行动，从而促进政府间的高效合作，提高跨界环境污染治理的效率。

（2）政府之间在跨界污染治理中，不仅需要加强沟通与合作，还要建立起有效的防范机制、运行机制与处置机制。防范机制着眼于区域内可能出现的环境污染问题进行提前预警，提前采取行动，不仅能避免我国长期以来存在的"先污染、后治理"的被动局面，而且能大幅度减少环境污染治理成本，提高资源配置效率；运行机制主要围绕区域内存在的环境问题，进行常规处理；而处置机制则是在突发环境污染事件发生后，迅速启动处置

方案，将环境污染带来的问题减少到最低程度，降低事件对整个区域的消极影响。

（3）公众参与对于跨界环境污染治理也有着积极作用。引入公众参与机制，能够降低政府对跨界环境污染治理的监督成本，提高跨界环境污染治理机构的运行效率。借鉴美国、日本等发达国家的跨界治理经验，引入公众参与机制，给公众参与环境跨界治理提供便利，各级人民政府、环保管理部门应在自己的官方网站上设立公众监督栏目，设置公众投诉信箱、电话、微信平台等，让污染者时时处于有效的监督之下，有利于及时消除污染隐患、提高跨界治理机构的运行效率。

三、发挥行政性合作与第三方治理的交互作用

在财政分权体制下，我国的跨界污染治理宜选择行政性合作模式，政府对跨界治理活动进行宏观调控，掌握决策权，充分发挥政府在跨界治理中的"裁决者"、"发动者"以及"推动者"的作用，以强制的力量平衡利益主体的利益关系，保证跨界治理的实现；协调跨界发展战略，促进地方政府在合作中竞争；正确判断治理路径，推动跨界治理工作的具体落实①。

2015年1月国务院办公厅发布了《关于推行环境污染第三方治理的意见》（以下简称《意见》），《意见》提出以环境公用设施、工业园区等领域为重点，以市场化、专业化、产业化为导

---

① 娄成武，于东山. 西方国家跨界治理的内在动力、典型模式与实现路径 [J]. 行政论坛，2011（1）：88 – 91.

向，营造有利的市场和政策环境，改进政府管理和服务，健全统一规范、竞争有序、监管有力的第三方治理市场，吸引和扩大社会资本投入，推动建立排污者付费、第三方治理的治污新机制，不断提升我国污染治理水平。2016 年全国两会中，李克强总理再次强调做好环保税立法工作，推行环境污染第三方治理。因此，我国环境污染治理模式正在逐步由"谁污染—谁付费—谁治理"向"谁污染—谁付费—第三方治理"转变。环境污染第三方治理是指排污企业或政府以签订合同的方式将污染物治理交给第三方环保企业，第三方环保公司可以理解成一种公私伙伴型组织，在伙伴型组织中第三方环保企业在污染治理中占据主体地位，但是又不能离开公共组织的支持和合作，具体服务内容包括城乡污水、大气污染、固废污染的处理以及环境监测、区域污染治理等。当前我国污染治理第三方治理实践主要是政府购买环境服务，集中在污水处理、生活垃圾处理等基础设施建设方面，将项目建设和运营以公私合营方式、委托运营方式、股权转让方式交由专业化环保公司负责①，具体来说，关于污水处理和固废处理，通常采用建设—经营—移交（BOT）模式、委托运营—经营—移交（TOT）模式；关于镇域供热常常采用建设—经营—移交（BOT）模式。因此，在行政性合作模式下，积极推进环境污染的第三方治理，必须理清政府、企业和第三方之间的权力和义务关系。

图 8.3 所示：第一，地方政府在污染治理中起到主导作用，对污染企业和污染治理第三方进行责任划分并实施监管；第二，

---

① 谢海燕. 环境污染第三方治理实践及建议［J］. 宏观经济管理，2014（12）：61 – 62.

形成污染治理激励与约束机制，对第三方治理主体给予相关的政策支持，包括建立第三方治理扶持基金，税收优惠，金融支持等，并对污染企业以及第三方治理进行监管，避免污染企业之间的逆向选择的发生；第三，污染企业和污染治理第三方共担污染治理责任，污染企业将污染治理通过购买、委托等形式交给第三方，并向第三方支付污染治理费用，对第三方治理进行效率评价；污染治理第三方对污染企业负责、对地方政府负责，承担污染治理责任。

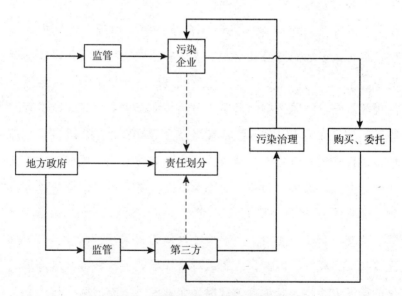

图8.3　跨界污染治理主体互动关系

在我国推进生态文明建设的进程中，从根本上改变地方政府的政绩观，建立起完善的激励与约束兼容机制，加大中央政府对地方政府的纵向转移支付，构建地方政府之间的横向转移支付制度，形成跨界治理的局面，实现我国产业结构的转型与升级，解决长期以来形成的环境污染问题。本书基于财政分权的视角，对如何激励地方政府环境治理的积极性，约束与环境污染相关主体行为进行了探索，以期为我国的环境污染治理、社会经济可持续发展提供参考建议。

参 考 文 献

[1] Akai N, Hosoi M. The determinants of fiscal decentralization by various indicators: Evidence from State-level Cross-section Data for the United States [J]. Otemon Economic Studies, 2007 (40).

[2] Akai N, Sakata M. Fiscal Decentralization Contributes to Economic Growth: Evidence from State-level Cross-section Data for the United States [J]. Journal of Urban Economics, 2002 (52): 93 – 108.

[3] Altemeyer – Bartscher M, Rübbelke D T G, Sheshinski E. Environmental Protection and the Private Provision of International Public Goods [J]. Economics, 2010, 77 (308): 775 – 784.

[4] Avkiran N K. Decomposing Technical Efficiency and Window Analysis [J]. Studies in Economics and Finance, 2013, 22 (1): 61 – 91.

[5] Banzhaf H, Spencer B, Chupp A. Fiscal Federalism and Interjurisdictional Externalities: New Results and an Application to US Air Pollution [J]. Journal of Public Economics, 2012 (96).

[6] Brar A S, Singh G. An Empirical Analysis of the Relationship between Fiscal Decentralization and the Size of Government [J]. Finance A úvěr, 2014, 64 (1): 30 – 58.

[7] Bucovetsky S. Public input competition [J]. Public Economics, 2005, 89 (s9 – 10): 1763 – 1787.

[8] Cai Hongbin, Treisman D. Political decentralization and policy experimentation [J]. Quarterly Journal of Political Science, 2007 (4): 35 – 58.

[9] Charnes A, Cooper W W. Some Models for Estimating Technical and Scale Inefficiencies in Data Envelopment Analysis [J]. Management Science, 1984, 30 (9): 1078 – 1092.

[10] Chatterjee S, Karmakar A K. Asymmetric Information, Non-cooperative Games and Impatient Agents: Modelling the Failure of Environmental Awareness Campaigns [M]. Analytical Issues in Trade, Development and Finance. Springer India, 2014: 241 – 249.

[11] Chirinko R S, Wilson D J. Tax Competition Among U. S. States: Racing to the Bottom or Riding on a Seesaw? [J]. Multivariate Behavioral Research, 2011, 36 (4): 589 – 609.

[12] Christainsen, Gregory B, Haveman, et al. The contribution of environmental regulations to the slowdown in productivity growth [J]. Journal of Hepatology, 2010, 52 (52): S381.

[13] Cole M A, Elliott R J R, Fredriksson P G. Endogenous Pollution Havens: Does FDI Influence Environmental Regulations? [J]. Scandinavian Journal of Economics, 2006, 108 (1): 157 – 178.

[14] Costanza R, et al. An Introduction to Ecological Economics, Second Edition [M]. Florida: The Chemical Rubber Company Press, 2014.

[15] Dong L, Borcherding T E. Public Choice of Tax and Regu-

latory Instruments—The Role of Heterogeneity [J]. Public Finance Review, 2006, 34 (6): 607 –636.

[16] Dijkstra B R, Fredriksson P G. Regulatory Environmental Federalism [J]. Annual Review of Resource Economics, 2010, 2 (1): 319 –339.

[17] Edwards D C M J. Kindred spirits or intergovernmental competition? The innovation and diffusion of energy policies in the American states (1990 –2008) [J]. Environmental Politics, 2014, 23 (5): 795 –817.

[18] Egger P, Raff H. Tax rate and tax base competition for foreign direct investment [J]. International Tax & Public Finance, 2014: 1 –34.

[19] Faguet J P. Does Decentralization Increase Government Responsiveness to Local Needs? [J]. Journal of Public Economics, 2013: 867 –893.

[20] Galasso E, Martin R. Decentralized targeting of an antipoverty program [J]. Journal of Public Economics, 2005 (89): 705 –727.

[21] Galitano G I, Yoder J K. An integrated tax-subsidy policy for carbon emission reduction [M]. Resource and Energy Economics, 2010 (5): 310 –326.

[22] Gloria T, Theodore S, Brevillem, et al. Life-cycle assessment: a surery of current implementation [J]. Total Quality Environmental Mangaement, 1995 (1): 33 –50.

[23] Grisorio M J, Prota F. The short and the long run relationship between fiscal decentralization and public expenditure composition

in Italy [J]. Economics Letters, 2015, 130: 113 – 116.

[24] Gray W B, Shadbegian R J. Multimedia Pollution Regulation and Environmental Performance: EPA's Cluster Rule [C]. Discussion Papers, 2015.

[25] Gu G C. Developing Composite Indicators for Fiscal Decentralization: Which Is The Best Measure For Whom? [J]. Mpra Paper, 2012.

[26] Guo Zhiyi, Zheng Zhousheng. Local Government, Polluting Enterprise and Environmental Pollution: Based on MATLAB Software [J]. Software, 2012, 7 (10).

[27] He J. Pollution Haven Hypothesis and Environmental Impacts of Foreign Direct Investment: The Case of industrial Emission of Sulfur Dioxide in Chinese Provinces [M]. Ecological Economics, 2006, 60 (1): 228 – 245.

[28] Hottenrott H, Rexh? user S. Policy-induced environmental technology and incentive efforts: Is there a crowding out? [J]. Zew Discussion Papers, 2013.

[29] Ismail Z, Tai J C, Kong K K, et al. Using data envelopment analysis in comparing the environmental performance and technical efficiency of selected companies in their global petroleum operations [J]. Measurement, 2013, 46 (9): 3401 – 3413.

[30] Jin H, Qian Y, Weingast B R. Regional decentralization and fiscal incentives: Federalism, Chinese style [J]. Journal of Public Economics, 2005, 89 (s9 – 10): 1719 – 1742.

[31] Kamwa E. Tax Competition and Determination of the Quality of Public Goods [J]. Journal of Applied Microbiology, 2012, 112

(1): 90 - 98.

[32] Keen M, Kotsogiannis C. Does federalism lead to excessively high taxes? [J]. American Economic Review, 2002 (92): 363 - 370.

[33] Kotera G, Okada K, Samreth S. Government size, democracy, and corruption: An empirical investigation [J]. Economic Modelling, 2012, 29 (6): 2340 - 2348.

[34] Lee M. The effect of environmental regulations: A restricted cost function for Korean manufacturing industries [M]. Environment and Development Economics, 2007 (12): 91 - 104.

[35] Liu WenFang, Stephen J T. Consumption externalities, production externalities, and long-run macroeconomic efficiency [J]. Journal of Public Economics, 2005 (89): 1097 - 1129.

[36] Liu Q. Fiscal Decentralization, Governmental Incentives and Environmental Pollution Abatement [J]. Economic Survey, 2013, 1 (2): 127 - 132.

[37] Liu Y, Martinez - Vazquez J. Public Input Competition, Stackelberg Equilibrium and Optimality [J]. International Center for Public Policy Working Paper, 2011.

[38] Main R S. Simple pigovian taxes vs. emission fees to control negative externalities: a pedagogical note [J]. The American Economist, 2010 (2), 104 - 110.

[39] Marshall A. Principles of economics [J]. Political Science Quarterly, 2012, 31 (77): 430 - 444.

[40] Managi S, Grigalunas T A. Environmental Regulations and Technological Change in the Offshore Oil and Gas Industry [J]. Land

Economics, 2005, 81 (2): 303 – 319.

[41] Matus K J. Health impacts from urban air pollution in China: the burden to the economy and the benefits of policy [J]. Massachusetts Institute of Technology, 2005, 3 (10): 77 – 81.

[42] Meixler M S, Bain M B. A water quality model for regional stream assessment and conservation strategy development [J]. Environmental Management, 2010, 45 (4): 868 – 880.

[43] Monte A D, Papagni E. The Determinants of Corruption in Italy: Regional Panel Data Analysis [J]. General Information, 2007, 23 (2): 379 – 396.

[44] Mudahar M S, Ahmed R. Government and Rural Transformation: Role of Public Spending and Policies in Bangladesh [J]. Cephalalgia, 2010, 30 (10): 1195 – 1206.

[45] Musgrave R A. The Theory of Public Finance: A Study in Public Economy [J]. The American journal of clinical nutrition, 2014, 99 (1): 213 – 213.

[46] Nagurney A, Li D. A dynamic network oligopoly model with transportation costs, product differentiation, and quality competition [J]. Computational Economics, 2014, 44 (2): 201 – 229.

[47] Nash J. Non-cooperative games [J]. The Annals of Mathematics, 1951, 54 (2): 286 – 295.

[48] Oates W E. Fiscal Competition and European Union: Contrasting Perspectives [J]. Regional Science and Urban Economics, 2001 (3): 133 – 145.

[49] Oates W E. A reconsideration of environmental federalism [J]. Recent Advances in Environmental Economics, 2002: 1 – 32.

[50] Ogneva N F. Features of the Organization and Development of Cross-border Cooperation between Regions [J]. Social & Economic Geography, 2015, 1 (1): 23 – 30.

[51] Pablo S, Mariano T. Intergovernmental transfers and fiscal behavior: insurance versus aggregate discipline [J]. International Economics, 2004 (62): 149 – 170.

[52] Percival R V, Schroeder C H, and Miller A S. Environmental Regulation: Law, Science, and Policy, 7th edition [M]. New York: Aspen Publishers, 2013.

[53] Phong T K, Inoue T, Yoshino K, et al. Temporal trend of pesticide concentrations in the Chikugo River (Japan) with changes in environmental regulation and field infrastructure [J]. Agricultural Water Management, 2012, 113: 96 – 104.

[54] Prota M J G F. The Impact of Fiscal Decentralization on the Composition of Public Expenditure: Panel Data Evidence from Italy [J]. Regional Studies the Journal of the Regional Studies Association, 2015, 49 (12): 1941 – 1956.

[55] Rachel Parker. Governance and the Entrepreneurial Economy: A comparative Analysis of Three Regions [J]. Entrepreneurship Theroy and Practice, 2008 (9): 843 – 845.

[56] Rana A, Singh S P, Soni R, et al. Fiscal Decentralization in China: A Literature Review [J]. Annals of Economics & Finance, 2014, 15 (1): 51 – 65.

[57] Raff H. Preferential Trade Agreements and Tax Competition for Foreign Direct Investment [J]. Journal of Public Economics, 2004 (88): 2745 – 2763.

[58] Robert S M. Subsidizing Non - Polluting Goods vs. Taxing Polluting Goods for Pollution Reduction [J]. Atlantic Economic Journal, 2013, 41 (4): 349 - 362.

[59] Schwab R M. The Window Tax: A Case Study in Excess Burden [J]. Journal of Economic Perspectives, 2015, 29 (1): 163 - 180.

[60] Sigman H. Decentralization and Environmental Quality: An International Analysis of Water Pollution [J]. Land Economics, 2014, 90 (1): 114 - 130.

[61] Silvana Dalmazzone. Decentralization and Environment [M]. Edward Elgar Press, 2006.

[62] Sterner T. Gasoline Taxes: A Useful Instrument for Climate Policy [J]. Energy Policy, 2007, 35 (6): 3194 - 3202.

[63] Stoilova D, Patonov N. Fiscal Decentralization: Is It a Good Choice for the Small New Member States of the EU? [J]. Annals of the Alexandru Ioan Cuza University - Economics, 2013, 59 (1): 125 - 137.

[64] Tang G. The Institutional Attribution for the Policy Failure in the Environmental Governance of Transboundary Waters [J]. Journal of Ocean University of China, 2010.

[65] Tiebout C M. A Pure Theory of Local Expenditures [J]. Journal of Political Economy, 1956 (64): 416 - 424.

[66] Varmaz A, Varwig A, Poddig T. Centralized resource planning and Yardstick competition [J]. Omega, 2013, 41 (1): 112 - 118.

[67] Vigon B. Guidelines for Life - Cycle Assessment: a Code of Practice [M]. USA: Society of Environmental Toxicology and

Chemist, 1993.

[68] Ward H, John P. Competitive Learning in Yardstick Competition: Testing Models of Policy Diffusion [J]. Social Science Electronic Publishing, 2011.

[69] Weingast B R. Second Generation Fiscal Federalism: The Implication of Fiscal Incentives [J]. Journal of Urban Economics, 2009 (65): 279 - 293.

[70] Weingast B R. Second Generation Fiscal Federalism: Political Aspects of Decentralization and Economic Development [J]. World Development, 2014, 53 (32): 14 - 25.

[71] Zhang H. Pollution Haven Effect with Heterogeneous Firms [J]. General Information, 2013.

[72] Zheng ShengLi. Chinese Style Decentralization and Environmental Governance [J]. Journal of Guangdong University of Finance & Economics, 2014.

[73] 布坎南, 塔洛克; 陈光金译. 一致同意的计算 [M]. 北京: 中国社会科学出版社, 2000.

[74] B·盖伊·彼得斯; 吴爱明等译. 政府未来的治理模式 [M]. 北京: 中国人民大学出版社, 2001.

[75] 艾沃·古德森. 环境教育的诞生——英国学校课程社会史的个案研究 [M]. 上海: 华东师范大学出版社, 2001.

[76] 安体富, 蒋震. 我国资源税: 现存问题及改革建议 [J]. 涉外税务, 2008 (5): 11 - 14.

[77] 白艳萍. 异质性国际环境协议的博弈论分析 [J]. 生态经济, 2013 (2): 54 - 58.

[78] 保罗·R·伯特尼, 罗伯特·N·史蒂文斯. 环境保护

的公共政策［M］．上海：上海人民出版社，2004．

［79］曾文慧．流域越界污染规制：对中国跨省水污染的实证研究［J］．经济学，2008，7（2）：447－464．

［80］陈明艺，裴晓东．我国环境治理财政政策的效率研究——基于DEA交叉评价分析［J］．当代财经，2013（4）：27－36．

［81］陈思萌，黄德春．基于马萨模式的跨界水污染治理政策评价比较研究［J］．环境保护，2008（3B）：47－49．

［82］陈太清．行政罚款与环境损害救济［J］．行政法学研究，2012（3）：54－60．

［83］丁菊红．我国政府间事权与支出责任划分问题研究［J］．财会研究，2016（7）：10－13．

［84］丁芸．我国环境税制改革设想［J］．税务研究，2010（1）：45－47．

［85］冯兴元．地方政府竞争［M］．南京：译林出版社，2010．

［86］傅勇，张晏．中国式分权与财政支出结构偏向：为增长而竞争的代价［J］．管理世界，2007（3）：4－22．

［87］傅勇．中国式分权与地方政府行为［M］．上海：复旦大学出版社，2010．

［88］高培勇，杨之刚，夏杰长．中国财政经济理论前沿（5）［M］．北京：社会科学文献出版社，2008．

［89］高世星，张明娥．英国环境税收的经验与借鉴［J］．涉外税务，2011（1）：50－56．

［90］国务院办公厅．关于推行环境污染第三方治理的意见［R］．北京：人民出版社，2015．

[91] 何平林，刘建平，王晓霞．财政投资效率的数据包络分析：基于环境保护投资 [J]．财政研究，2011（5）：30 - 34.

[92] 胡佳．区域环境治理中的地方政府协作研究 [M]．北京：人民出版社，2015.

[93] 华莱士·E. 奥茨，陈符嘉译．财政联邦主义 [M]．南京：译林出版社，2012.

[94] 黄德春，华坚，周燕萍．长三角跨界水污染治理机制研究 [M]．南京：南京大学出版社，2010.

[95] 贾俊雪．中国财政分权、地方政府行为与经济增长 [M]．北京：人民大学出版社，2015.

[96] 贾康等．地方财政问题研究 [M]．北京：经济科学出版社，2004.

[97] 金钟范．韩国亲环境产业发展政策 [M]．上海：上海财经大学出版社，2012.

[98] 李本庆，丁越兰．环境污染与规制的博弈论分析 [J]．海南大学学报（人文社会科学版），2006，26（4）：541 - 545.

[99] 李金龙，游高端．地方政府环境治理能力提升的路径依赖与创新 [J]．求实，2009（3）：56 - 59.

[100] 李齐云等．建立健全与事权相匹配的财税体制研究 [M]．北京：中国财政经济出版社，2013.

[101] 李正升．中国式分权竞争与环境污染治理 [J]．广东财经大学学报，2014（6）：4 - 12.

[102] 梁云凤．绿色财税政策 [M]．北京：社会科学文化出版社，2010（5）：178 - 209.

[103] 林致远．环境保护的财政对策 [J]．当代经济研究，2002（8）：50 - 53.

[104] 刘剑雄 . 财政分权、政府竞争与政府治理 [M]. 北京：人民出版社，2009.

[105] 刘克固，贾康 . 中国财税改革三十年亲历与回顾 [M]. 北京：经济科学出版社，2008.

[106] 刘超 . 管制、互动与环境污染第三方治理 [J]. 中国人口·资源与环境，2015（2）：96 - 104.

[107] 娄成武，于东山 . 西方国家跨界治理的内在动力、典型模式与实现路径 [J]. 行政论坛，2011（1）：88 - 91.

[108] 卢洪友，田丹，叶舟舟 . 中美环境保护预算比较：管理模式与信息体系——以国家环保部门预算为例 [J]. 财政金融，2014（1）：6 - 8.

[109] 卢中原 . 财政转移支付和政府间事权财权关系研究 [M]. 北京：中国财政经济出版社，2007.

[110] 逯元堂 . 中央财政环境保护预算支出政策优化研究 [D]. 财政部财政科学研究所，2011.

[111] 逯元堂等 . 环境保护事权与支出责任划分研究 [J]. 中国人口·资源与环境，2014（11）：91 - 96.

[112] 罗宾·鲍德威；庞鑫译 . 政府间财政转移支付：理论与实践 [M]. 北京：中国财政经济出版社，2011.

[113] 骆建华 . 环境污染第三方治理的发展及完善建议 [J]. 环境保护，2014（20）：16 - 19.

[114] 罗纳德·费雪 . 州和地方财政学（第二版）[M]. 北京：中国人民大学出版社，2000.

[115] 吕炜，郑尚植 . 财政竞争扭曲了地方政府支出结构吗？——基于中国省级面板数据的实证检验 [J]. 财政研究，2012（5）：36 - 42.

[116] 马海涛，姜爱华．政府间财政转移支付制度［M］．北京：经济科学出版社，2010.

[117] 潘孝珍．中国地方政府环境保护支出的效率分析［J］．中国人口·资源与环境，2013，23（11）：61－65.

[118] 潘孝珍．财政分权与环境污染：基于省级面板数据的分析［J］．地方财政研究，2015（7）：29－33.

[119] 乔纳森·雷登，詹妮·李维克，冈纲·S．埃斯克兰德．财政分权与硬预算约束的挑战［M］．北京：中国财政经济出版社，2009.

[120] 曲国明，王巧霞．国外环保投资基金经验对我国的启示［J］．经融发展研究，2010（1）：52－55.

[121] 饶立新，李建新．建议确立资源环境税为我国税制的第三主体税种［J］．税务研究，2005（9）：18－20.

[122] 饶立新．绿色税收内涵研究［J］．价格月刊，2003（9）：27－28.

[123] 阮宜胜．发展循环经济的税收政策探讨［J］．税务研究，2006（10）：14－16.

[124] 时红秀．财政分权、政府竞争与中国地方政府的债务［M］．北京：中国财政经济出版社，2007.

[125] 苏明，刘军民．科学合理划分政府间环境事权与财权［J］．环境经济，2010（7）：16－25.

[126] 孙青．政府生态转移支付绩效审计标准探究［J］．财政监督，2012（10）：56－58.

[127] 陶希东．构建跨界治理模式［N］．学习时报，2014－6－16.

[128] 陶希东．跨界治理：中国社会公共治理的战略选择

[J]. 学术月刊, 2011 (8): 22-29.

[129] 陶希东. 美国空气污染跨界治理的特区制度及经验 [J]. 环境保护, 2012 (7): 75-78.

[130] 陶希东. 全球城市区域跨界治理模式与经验 [M]. 南京: 东南大学出版社, 2015.

[131] 田淑英, 许文立. 我国环境税的收入归属选择 [J]. 财政研究, 2012 (12): 18-21.

[132] 童锦治, 朱斌. 欧洲五国环境税改革的经验研究与借鉴 [J]. 财政研究, 2009 (3): 77-79.

[133] 汪劲. 环境法治的中国路径: 反思与探索 [M]. 北京: 中国环境科学出版社, 2011.

[134] 汪劲. 环保法治三十年: 我们成功了吗? 中国环保法治蓝皮书 (1979~2010 年) [M]. 北京: 北京大学出版社, 2011.

[135] 王国红. 政策规避与政策创新: 地方政府政策执行中问题与对策 [M]. 中共中央党校出版社, 2011.

[136] 王文革. 环境资源法 [M]. 北京: 北京大学出版社, 2009.

[137] 王艳等. 越境污染问题的博弈分析 [J]. 大连海事大学学报, 2005, 31 (3): 53-56.

[138] 王亚菲. 公共财政环保投入对环境污染的影响分析 [J]. 财政研究, 2011 (2): 38-42.

[139] 夏光. 环境政策创新 [M]. 北京: 中国环境科学出版社, 2001.

[140] 夏永祥, 王常雄. 当代中央政府与地方政府的政策博弈极其治理 [J]. 当代经济科学, 2006 (3): 45-48.

[141] 肖萍, 朱国华. 农村环境污染第三方治理契约研究

[J]. 农村经济, 2016 (4): 104 - 108.

[142] 谢京华. 政府间财政转移支付制度研究 [M]. 杭州: 浙江大学出版社, 2016.

[143] 谢海燕. 环境污染第三方治理实践及建议 [J]. 宏观经济管理, 2014 (12): 61 - 62 + 68.

[144] 徐莉萍, 李娇妤. 生态预算研究书评及展望 [J]. 经济学动态, 2012 (10): 91 - 94.

[145] 薛澜, 董秀海. 基于委托代理模型的环境污染治理公众参与研究 [J]. 中国人口·资源环境 2010 (10): 48 - 54.

[146] 亚当·斯密; 郭大力, 王亚南译. 国民财富的性质和原因的研究 [M]. 北京: 商务印书馆, 2008.

[147] 袁华萍, 赵仑. 大气污染治理、倒逼机制与财税政策优化研究——以北京市为例 [J]. 商业时代, 2014 (8): 82 - 83.

[148] 闫文娟, 钟茂初. 中国式财政分权会增加环境污染吗? [J]. 财经论丛, 2012 (2): 32 - 37.

[149] 叶林. 开启污染治理国际比较研究 [M]. 北京: 中央编译出版社, 2014.

[150] 余敏江. 生态治理中的中央与地方府际间协调: 一个分析框架 [J]. 经济社会体制比较, 2011 (2): 148 - 156.

[151] 原田尚彦. 环境法 [M]. 法律出版社, 2000.

[152] 臧传琴等. 信息不对称条件下政府环境规制政策设计——基于博弈论的视角 [J]. 财经科学, 2010 (5): 63 - 69.

[153] 张克中, 王娟, 崔小勇. 财政分权与环境污染: 碳排放的视角 [J]. 中国工业经济, 2011 (10): 65 - 75.

[154] 张丽, 杜培林, 郝妍. 环境税的国际实践经验及借鉴 [J]. 财会研究, 2011 (19): 20 - 22.

［155］张启春，陈秀山．缩小东西部差距：德国财政平衡制度及借鉴［J］．国家行政学院学报，2004（1）：84－87．

［156］张维迎．博弈论与信息经济学［M］．上海：格致出版社，2012．

［157］张蕊．环保税来了污染会走吗？——专访环境税法专家许文［J］．中国财政，2015（10）：33－36．

［158］张欣怡，王志刚．财政分权与环境污染的国际经验及启示［J］．现代管理科学，2014（4）：36－38

［159］张馨．比较财政学教程［M］．北京：中国人民大学出版社，2004：99－103．

［160］张玉．财税政策的环境治理效应研究［D］．山东大学，2014：34－55．

［161］于长革．中国财政分权的演进与创新［M］．北京：经济科学出版社，2010．

［162］赵永冰．德国的财政转移支付制度及对我国的启示［J］．财经论丛，2001（1）：35－39．

［163］周厚丰．环境保护的博弈［M］．北京：中国环境科学出版社，2007．

［164］周景坤，陈季华，刘中刚．地方政府党政领导环保绩效考核主体多元化［J］．环境保护与循环经济，2008（12）：56－58．

［165］周黎安．转型中的地方政府：官员激励与治理［M］．上海：格致出版社，2008．

［166］朱苗苗．德国可再生能源发展的经验及启示［J］．经济纵横，2015（5）：115－119．